西窗砚话

俞飞鹏 著

北京工艺美术出版社

《西窗砚话》，作者最新推出的一本砚著。

该书由古砚开篇，梳理、剖析十二峰陶砚，论述箕形砚，解读蝉形砚，别样道来端、歙等名砚。书中，你可以读到鲜活的陈端友、顾二娘。砚的相石设计和雕刻技艺，写得全面、专业、深入、具体，其间感悟心得可谓当代砚著中之别有。藏砚与心旅二章，谈砚又不仅在砚、观点、思路清晰、略径、角度鲜明。该书蕴文化、砚理、艺术、情怀、品位、思想于其中，读来深入浅出、别有意趣，余音绕梁、耐人寻味。

图书在版编目（CIP）数据

西窗砚话/俞飞鹏著.－北京：北京工艺美术出版社，2018.1
ISBN 978-7-5140-1031-2

Ⅰ.①西… Ⅱ.①俞… Ⅲ.①石砚－介绍－中国
Ⅳ.①TS951.28

中国版本图书馆CIP数据核字（2016）第257285号

出 版 人：陈高潮
责任编辑：张　恬
装帧设计：印　华
责任印制：宋朝晖

西窗砚话

俞飞鹏　著

出　　版	北京工艺美术出版社
发　　行	北京美联京工图书有限公司
地　　址	北京市朝阳区化工路甲18号
	中国北京出版创意产业基地先导区
邮　　编	100124
电　　话	(010) 84255105（总编室）
	(010) 64283630（编辑室）
	(010) 64280045（发　行）
传　　真	(010) 64280045/84255105
经　　销	全国新华书店
印　　刷	北京博海升彩色印刷有限公司
开　　本	710毫米×1000毫米　1/16
印　　张	14.5
版　　次	2018年1月第1版
印　　次	2018年1月第1次印刷
印　　数	1～3000
书　　号	ISBN 978-7-5140-1031-2
定　　价	68.00元

俞飞鹏，当代砚雕家。制砚随石赋形，姿态横生，领异标新，气象别开。有作品《皇宋元宝》《青铜时代》《石头遗记》《太古清音》等名于砚林。幽砚，藏于中国天津艺术博物馆。已出版《砚林煮酒》《砚林笔记》《砚谈》《歙砚，吴楚清音》《苴却砚的鉴别与欣赏》《中国当代名家砚作集》六部砚著。

现为全国传统工艺师文房四宝行业评委，中华传统工艺特级大师，中国收藏家协会文房之宝收藏委员会顾问，攀枝花砚文化研究所所长。

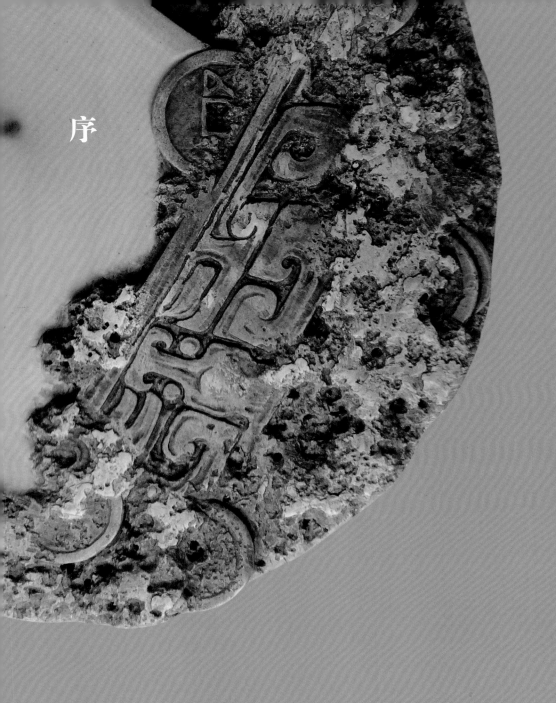

序

俞飞鹏先生《西窗砚话》即将出版，寄来文稿，邀我写序。

我结识飞鹏于攀枝花中国苴却砚博物馆开馆典礼活动上。其名早有耳闻，也欣赏过他的一些砚雕作品。传说他非常"孤傲"，是一个"怪才"，经梁佩阳、米军等好友约聚，我们之间有了一次"神聊"。飞鹏给我的印象，并无旁人所传之"孤傲"，反有晶莹剔透之才华。尤其是他对砚文化的理解，饱含自己的思考，让我肃然起敬。

当今时代，从艺者大都不能坚守静气。社会的浮躁直接催生凡人内心的躁动，文化产品大都粗制滥造，文化人大都急功近利，真正潜心坚守、德艺双修者实属难能可贵。

飞鹏几十年潜心钻研砚雕技术，做到了形而下的技艺纯熟。他的砚雕作品精致细腻，吸收南北刀法，用刀如用笔，苍穆古拙，奠定了自己的砚雕风格。他已出版的《砚林煮酒》《砚林笔记》《砚谈》《歙砚，吴楚清音》《苴却砚的鉴别与欣赏》《中国当代名家砚作集》六部砚著，确定了他在砚文化研究领域的基本地位。

古人云，"士先器识而文艺"，"腹有诗书气自华"。

飞鹏是一个有实践能力和理论研究能力的双料砚雕艺术家。此次出版的《西窗砚话》，文脉清晰，文风优雅，既有对砚雕实践的躬行探索，又有对砚文化艺术的深层思考，尤其是其引经据典、旁征博引，开创了砚文化研究的新路子，真可谓"心中有千秋，笔底洒风云"。

艺道千秋，非虔诚求索者不能达之。飞鹏的成功，取决于他几十年的勤奋努力和执着追求。《西窗砚话》最后一章谈到关于大师的问题。诸多观点我也赞同。现在许多行业都在评大师，可谓"大师巨匠满天飞，虫也成龙，猪也成象"。事实上，真正的大师不是评出来的，而是历史筛选出来的。只有那些能站在中华文化历史的巅峰，引领时代发展的有突出贡献的人，方可称为大师。所以，归于大道，守正创新，是艺术发展的必然路径。

在新书出版之际，谨此为序，顺致祝贺。

温寒石
中国文房四宝协会会长

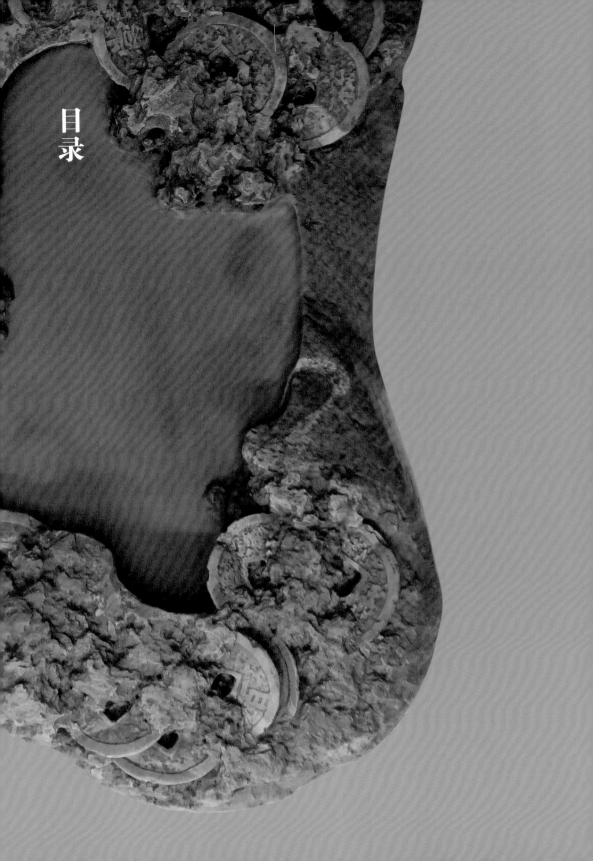

目录

引语

　　走过院墙，又见一铺有石板地的老巷。石板或淡青或褐色，一块块蜿蜒在巷里。一抹斜阳，斜斜照在石板地上。砌有厚青石的墙脚边的青苔，还有巷里半现在天空中的细碎的绿叶，一时都亮闪在那抹斜阳里。

　　斜阳下的巷陌，清冷，安静。我站在那，看了看遥遥在望的龙尾山，继续着一个人的砚旅。

古砚

以今人的眼光审视抄手砚为代表的宋砚，看那一方方见方见圆的砚，的确是对称了，严谨了，格律了，规范了。按理，此后的明砚、清砚可以这样一直固化下去。但是，蝉形砚来了。

一、气氛与十二峰陶砚

十二峰陶砚，一方非石质的古砚。

陶砚，由陶泥到成砚，一般地说，需经由滤选、和揉、团捣、造型、雕捏、塑刻、晾放，最后通过高温烧制而成。远在汉、晋，除了手工泥制砚，聪明的古人已发明另一方式，即通过轮式制作或模具填泥压制，批量化出产陶砚。

十二峰陶砚，一方怪异的砚。它的怪异，是一眼看去不怎么像砚。那么多的峰峦，直立、高耸在一个平面上，看那形制状态，更像是用作焚香祭祀的炉具。做一砚，需要做得这么挖空心思神妙莫测吗？可是，它俨然是砚，那砚上专门开有注水的入口，辟有便利研墨的砚堂，挖有能够贮墨的砚池。

此砚，长18.5厘米，宽21.5厘米。真是不量不知道，一量吓一跳。如此小巧的长度、宽度，实在让人不敢相信，这是十二峰陶砚的尺寸。再有的是十二峰陶砚的高度，此砚带有三个砚足，通高17.9厘米。这是古砚中鲜有的一个高度，放在今天也可谓罕见。

砚，正面看去，呈前高后低之态。十二座山峰，呼应着相拥着合围在砚里。峰，按内外分，可分为两层。内层，左中右共立三峰，称内三峰。外层，左中右各有三峰，合九峰，称外九峰。此砚的砚池，开在外峰与内峰之间。此砚的内三峰，雕刻一龙头，左峰与右峰下各雕一负山的人。而雕刻龙头的中峰背后，还开有注水口，用以研墨的水，可由此注入，经龙头流出，流淌在砚面上。

砚上的雕刻，或是一味横刻，或是竖式线刻。横刻，主要用在砚足上，叠加、重复式雕刻，让砚足呈叠垒状，如石片层叠垒起。矗立、错落的山峰，多是竖刻，手法单一单调，刻痕潦草，甚至草率，想在这峰上刻几条竖纹，刻上就是，想在另一峰上添加几笔，添上就算。如此涂抹，说是一个百无聊赖、无所事事者的即兴所为，亦不为过。

雕工，不见精心精致；刻画，看不到刻出了什么，如何别样。那么，十二峰陶砚，何以耐人寻味呢？

第一，是砚足的作用。足，让此砚显得高大、特立，具一份别来的恢宏气象。足，亦让此砚卓然见别于他砚。

第二，是十二峰的布列。砚中的十二峰，按层分为内层和外层，按观感分，它的布列是三组合一式。三组之中，一组在中间，两边各一组。这样的分法，近乎平分、等分、对称，可就是这样分出的峰，看起来不仅不觉得单调刻板，且还能得自然，见错落，蕴妙趣，充溢奇趣。这，应是此砚的绝不凡常了。

第三，是谜一般的构成。这方砚，除了高耸的十二峰，砚中还刻有负山的两人，雕刻神妙莫测的龙。这些几无关联的妙怪，神奇地构筑在一砚里。人，不知因何负山？龙，不解因何神现？或由于这些，此砚予人以云山雾罩扑朔迷离之感，有说不清道不明的奇异。

此外，是气氛。

气氛之于砚，一直以来鲜见涉及。气氛，是一方砚予人的整体氛围。气氛有俗有雅，或浓或淡，各有情形，各具妙曼。气氛，或多或少存在于砚中，只不过，不同的砚，由于刻砚人的禀赋不一，气质迥异，因此气氛的营造、影响各有不同罢了。

此砚，有说是唐出，有说是汉制。或由于享有"砚中之孤品，文房之至宝"美誉，这方藏于故宫博物院的砚，长久以来名播中外，影响深远。

十二峰陶砚

二、唐砚，箕形

　　看过一唐砚。那砚，主体如圆柱，整体高而不扁，砚侧开有一口，略一看，像明清时代的一个铁罐。至于砚的池、堂、边，在砚上，一概看不到什么。时至今日，一想到那砚，我仍是一头雾水，晕。

　　上手过的砚，有一方，瓷质、圆形。砚侧如鼓一般凸出，砌柱，砚面环渠。

　　唐砚，以质地说，一是多泥质砚，二是多瓷质砚，三是有石质砚。

　　泥质或瓷质砚，圆形、带足的居多。其中青瓷砚，在江西、浙江、湖南、湖北、四川等地均有见。这些砚，有的用轮盘制作，一批批出产，有的制一模具，将和好的泥压入成砚。当时，澄泥砚的

春江

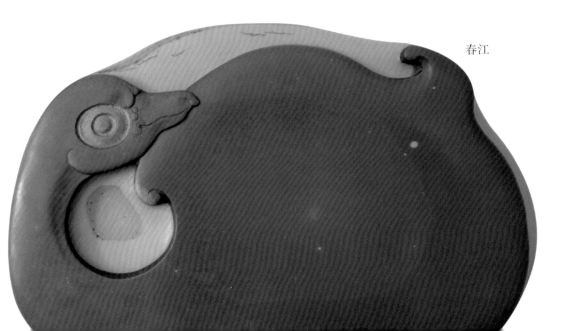

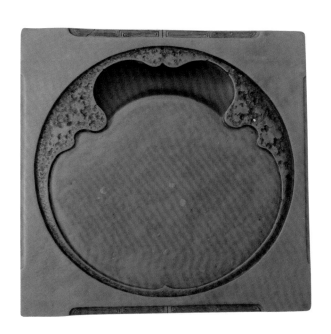

宝蟾图

主产区域，一在河南虢州，一在山东青州，一在山西绛州。此外，陕西一带也出产。

端石、歙石先后出现在唐代，这是石质砚的发端，更是唐代砚制的闪亮之点。相比可以量产的制作工艺相对成熟的泥砚、瓷质砚，石出广东肇庆斧柯的端砚和江西婺源龙尾的歙砚，其时，砚该如何刻，怎么制，几无概念。一来无这方面的工匠，二是没有制砚的工具，三是采石艰辛，雕刻困难。即便，一方方石质砚，好不容易刻出，可是，要运到外地难，所以，这一时期的石质砚，以影响论，最多也是略具而已。

说到唐砚，有一砚式不能不说，它就是箕形砚。

箕形砚的质地，有泥质，也有石质。

以箕形入砚，有说源起于风字砚。箕形砚上收下扬，形如风字，乍一看，似乎是那么回事，可是，箕形砚之前的风字砚，又是怎样的一个由头起始，缘来缘往？

关于箕形砚的起源，还有一说出自宋代的米芾。米芾认为，箕形砚是晋时就已出现的凤凰池砚。这样的砚，早在南北朝时已较为流行。

箕形砚，大体如竹子编织的簸箕。它的特点是砚额处内敛，砚后部奔放，整体看起来如"风"字。箕形砚的砚额，有见方的方头额，也有圆弧形的圆头额。箕形砚，前端以箕肚着地为足，后部两足支起箕身。砚整体后略高于前。

通常地看，砚的要素在有池，见堂，具边。箕形砚，开有明显的砚边，有可以用来研磨的砚堂，但是尚无明确、独立的砚池。

以存世的箕形砚说，箕形砚，有的长度在10～12厘米，有的在15厘米左右，还有的在17～18厘米。箕形砚，颇有意思的是厚度。它的厚度多是在3厘米上下。须知，这个3厘米，是后世砚乃至当代制砚一直习见的一个厚度。

相比其他唐砚，箕形砚之所以不能不说，重在三个方面：

第一，是箕形砚砚足的变化。唐砚，带足是一常态，有的砚具三足，有的是围成一圈的多足、圈足。箕形砚，以箕肚着地作足，箕肚是肚亦是砚身。以砚身作足，这是制砚由有足、多足到逐渐去足的一个有意识的变化。第二，是箕形砚呈现的美感。之前的砚，因为重实用，砚上几乎看不到什么线韵之美。箕形砚，外形出现了或刚直或柔美的线，整体已具见方见圆、柔和舒展的美感。第三，是作为砚的器形。砚是器用之物，但是作为器，之前的砚，多是溜圆一式，在形态和长、宽、高度上，不具独立的个性。箕形砚，已具属于自己的相貌。

箕形砚可以一手端提，从后世砚的宋抄上，我们隐隐然可以看到箕形砚的身影。

由唐箕到宋抄，砚从踉跄的粗放、大略，行到了具尺度，见规范的宋代，之后，由先前的以素式工艺砚为主步入精工精微的明、清花式砚雕刻。

　　箕形砚，相比砚雕艺术精进的明砚、清砚，无论形态、构造、制砚工艺等都算不上是上乘。但是，它是承前启后的重要一砚，是砚制发展脉络中的一个关键环节，有它不可替代的意义。

　　早岁学砚，曾无数次想象过唐砚，想那生发许多画意诗情的唐砚有多妙怪、多神奇、多仙气缭绕。现在知道，唐时的砚，虽然不乏营造，虽然时见气度，虽可以感觉到唐诗般的风范大气，但，就砚的流变看，唐砚，不过是砚艺成长中的初级阶段罢了。

阿弥

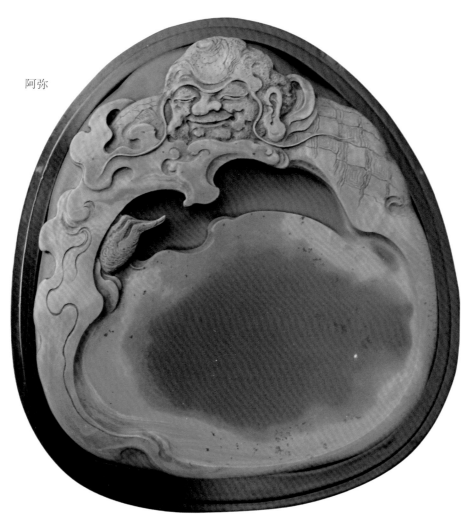

三、百一砚，苏东坡

（一）

百一砚，出自宋代的一方著名端砚。

此砚之所以得名，一是石眼的因素。端石石眼稀见，对于出现在端砚上的石眼，古有七珍八宝之谓，即七颗石眼可称珍品，八颗石眼奉为至宝。在这方砚

百一砚

上，总共出现了101颗石眼。二是和苏东坡有关。百一砚是苏东坡收藏、使用过的砚。这方堪称稀世奇珍的砚，在宋代即被收入内务府宫藏。清朝，爱砚的乾隆皇帝对百一砚赞赏不已，不仅为该砚亲书铭文，定为清宫重宝，且录入了著名的钦定《西清砚谱》。

不知百一砚在成砚之前，砚料何等模样？

一块砚料，到达砚工手中，要做成什么样的砚，那真是太难说了。以我们现在的砚雕看，像百一砚这样厚度达5厘米的砚石，做成人物砚、山水砚，雕成立体的云龙砚、龙凤砚，制成瓜果砚、松鹤砚、竹节砚等皆是选择。还有，砚石这么厚，将它一分为二，做成两方砚也未尝不可。

我常说，制砚者得遇稀世砚料是一缘分。好的砚料，从来不是你想找就可以找到，也不是你想求就可以求来。作为制砚者，我羡慕出生在宋代的这位砚工。

此砚长18厘米，宽10.5厘米，厚5厘米。这样的长宽比例，颇像我们现在的信封，对照信封，我拿尺子比了比，发现这尺寸比信封

还小。可就在这小小的砚上，出现了一个大石眼，一百个小石眼，总共101眼。

这料石也有幸，得遇了一位爱料、懂料，知因材施艺的砚工。设想一下，百一砚如用石眼多的一面做成砚的正面，仅开出砚的池、堂，砚石中的很多石眼将永远深藏于砚里。还有，要是做砚过程中稍不小心，打掉几个石眼，我们今天看到的就不是百一砚了。

这位砚工，决定就用厚厚的料石做一方太史砚。他将石眼稀少的一面，用作砚的正面。然后将有石眼的一面，边掏挖砚背，边保留石眼。他保留石眼的方式是端砚的立柱式，用这种方式，他不仅一一保留了料石表层的石眼，同时也保住了掏挖以后出现的石眼。

太史砚的太史，是古代官职的称谓。太史砚出现在北宋，是和抄手砚相仿的一种古代砚式。它和抄手砚的区别是：一、太史砚为长方形，太史砚的尺寸，上下、左右、前后一致。抄手砚也是长

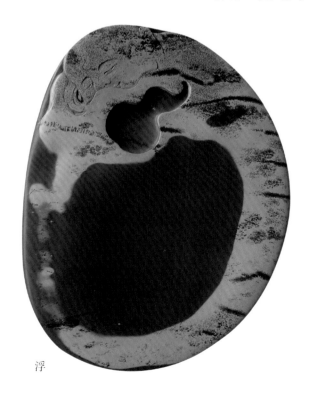

浮

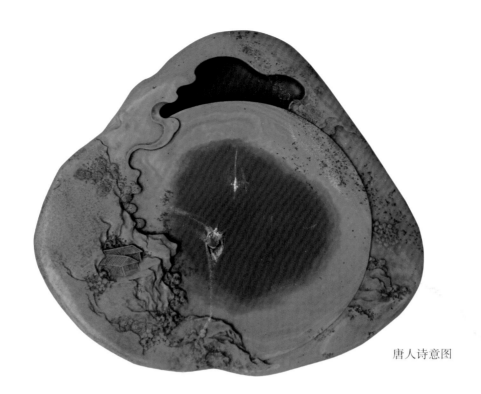

唐人诗意图

方形，但前窄后宽，前低后高，有的还上宽下窄。二、与抄手砚相比，太史砚总体偏宽，有的还特别厚。如百一砚，砚不大，厚度却达5厘米。

抄手砚，砚上多少还留有唐箕的影子。太史砚的兴起，是在抄手砚之后。太史砚谨肃、理性、内敛、端庄、宽厚的样式，带有明显的官砚气度。

清末民初，这方被视作清宫重宝的名砚，一度流落到了民间。此砚先是被一珠宝商买下，后经珠宝商倒手，转卖给了琉璃厂一家经营古玩的店铺。看到百一砚上有乾隆御题，店铺老板知道这是宫中之物，因怕衍生事端，动手磨去了铭刻在砚上的御题。

民国初期的一天，苏东坡第三十一世侄孙，知名文物鉴赏专家苏宗仁先生到了琉璃厂。在经营古玩的店铺，他看到了百一砚。面对这方先祖遗物，苏先生毫不迟疑，用整整70块大洋买下了这方砚。至此，几经辗转的百一砚，神奇回归到了东坡后人手上。现在，此砚珍藏于中国国家博物馆。

（二）

苏东坡，没想过在此写他。

时常，会想到他说的"论画以形似，见与儿童邻"。早年在龙尾砚厂，读到他的诗："横看成岭侧成峰，远近高低各不同。不识庐山真面目，只缘身在此山中。"觉得这是他写给我的。想我现在的砚，终于具了些行云流水之韵，可以随石赋形，姿态横生，有了些浑然自在，自由化变，寄了点情思滋味，追根溯源，不无他老人家的影响。

他是中国历史上少有的通才，为唐宋八大家之一。诗与李杜并称。他广涉诸多学派，兼修儒道释三学，书法、绘画都有精深造诣。

东坡爱砚，痴迷得不得了。

一次，路过金陵。听说住在金陵的米老夫子新得一砚，天天美着，睡觉也抱在床上。他决定，到米芾府上看看。

米芾藏了很多砚，这次藏的砚，是一方端砚。此砚，原是一个叫孜周的和尚所藏。米芾藏到这方砚，据传闭门谢客，抱着足足睡了三天。

见到米芾，坐下没多久，东坡便提出要看一看那砚，米芾陪着他，又是喝茶又是聊天又是张罗饭局，那砚，磨蹭着就是不想拿出来。东坡心知肚明着呢，心想："你不拿砚给我看，好啊，我不走啦，赖这儿了。"

米芾知道拗不过他，于是把砚拿了出来。

东坡一看那砚，眼睛瞬间直了。那砚形如满月，色若碧潭，冰肌玉露，一脉浑然。他看看，摸摸，翻过来又看，那脚就像定住一般。米芾看他拿着砚，全然没有放下之意。于是，假装生气，一头走进了书房，想以此冷落一下东坡。

此时的东坡，满脑子想的都是那砚，看那米芾走进书房，大半天不出来，真是天赐良机机不可失，东坡抱起那砚，溜了。

为看龙尾砚，他一路跋山涉水行到婺源，还特意为龙尾砚写了《龙尾砚歌》，全诗如下：

> 黄琮白璧天不惜， 顾恐贪夫死怀璧。
> 君看龙尾宝石材， 玉德金声寓于石。
> 与天作石来几时， 与人作砚初不辞。
> 诗成鲍谢石何与， 笔落钟王砚不知。
> 锦茵玉匣俱尘垢， 捣练支床亦何有。
> 况瞠苏子凤味铭， 戏语相嘲作牛后。
> 碧天照水风吹云， 明窗净几清无尘。
> 我生天地一闲物， 苏子亦是支离人。
> 粗心细语都不择， 春蚓秋蛇随意画。
> 愿从苏子老东坡， 仁者不用生平别。

在我还不太明了龙尾砚的年岁，读到他的《龙尾砚歌》，对龙尾砚，从此有了别样的刮目。

"千夫挽绠，百夫运斤。篝火下縋，以出斯珍。"这是苏东坡描写的开采端石的艰辛。

提到宋词，很自然就想到他，想到他的"小轩窗，正梳妆"，想到他的"大江东去，浪淘尽，千古风流人物"，想到"明月几时有，把酒问青天"。

制砚的推崇自然石形，据传始于苏东坡。

一次，苏东坡在自家菜园锄地，偶然挖到一块形态可人的青莹色石，东坡依石就形，做成一砚，史称"天成砚"。

老了的东坡，走不动路了，躺在床上，身边还要让砚围着，左看看这砚的石眼，右摸摸那砚的金星，家人想挪动一下砚，他不让。他要看着、摸着、守着那些砚，心里才觉得舒畅。

四、道不尽的蝉形砚

由唐宋砚到明清砚，古代产出的砚，尽管题材各异，就形态看，多是方形或圆形。方形的砚，要么是正方，要么是长方，可是有这么一方砚，它不方不圆，形状特异，细品寓圆寓方，见方见圆，这就是蝉形砚。

古蝉形砚，虚涵、洞开的蝉眼，空灵、深邃的砚池，浑圆、饱满的蝉身，乃至砚背突得怪异的三足，予很多制砚家、爱砚人印象。

我的工作室，长年摆放一方仿古蝉形砚。此砚，上有丝罗般的暗细罗纹，整体单纯、洁净、素朴。工作室里，有很多苴却石做的砚，这些砚，或绿萝红萝，鲜丽夺人，或黄膘绿膘，光鲜夺目。置于其间的这方蝉形砚，素朴得几无姿彩，冷清、冷落，甚至于分外落寞。

很多爱苴却砚的人，爱看苴却砚的石眼或各异的奇彩，曾经，我有意将这方既无石眼又无丽彩的蝉形砚示人，见到这砚的人，接过砚端详着横竖看看，多会认为这砚太单调单一，多会放下这砚转而看其他砚。

时而，在工作室，我会品读一下这方蝉形砚。大多时候是囫囵看看感受感受，不时，会情不自禁地端起它，由外向里、由正面至砚背翻来覆去把玩一番。

古蝉形砚，长度、宽度、厚度尽管不尽相同，但就体例大小看，可谓适度。以实用观，砚边、砚池、砚堂皆具，作为实用砚应具的深度、厚度堪称合适。从构筑看，砚取蝉形，以蝉为题，亦蝉亦砚，构造独特，可谓妙笔神来。

蝉形砚，刻的是味象的蝉。真实的蝉眼，浑圆而突出；古蝉形砚，蝉眼凹下挖空，洞开得无物。真实的蝉头，有鼻，有耳，有嘴吧；真实的蝉身，应还有美丽通透的两片飞羽。此砚，一切都已略去。

古代砚制，至宋代，形态已由先前的体例无定，到逐渐见方见圆，形成有模有样的形态砚式。砚边、砚池、砚堂，到了这一时期，分工已然明确、具体。以今人的眼光审视抄手砚为代表的宋砚，看那一方方见方见圆的砚，的确是对称了，严谨了，格律了，规范了。按理，此后的明砚、清砚可以这样一直固化下去。但是，蝉形砚来了。它不再一味地端方，亦非简单地见圆。蝉形砚，自在而自由，鲜活而生动。它与严谨规范的抄手砚看似相类，路径却迥然不同。

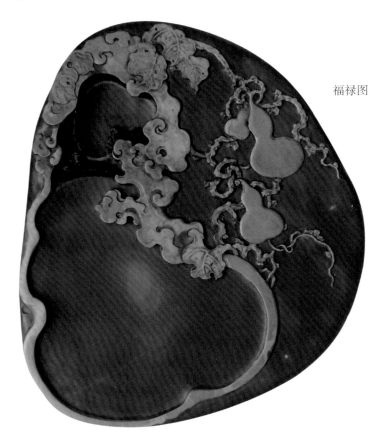

福禄图

蝉形砚，不再是宋抄板起脸面的高高在上。蝉形砚的出现，让我们有如得见一个天趣顽皮的孩童，活泼中透着灵性，可爱里蕴含亲近。

蝉形砚的难得，一在巧妙。蝉形砚，将自然的蝉和人为的砚寓合融通，让蝉与砚做到水乳般的交融。从而让蝉是砚，让砚如蝉。二在实用。蝉形砚，让整体凹凸的一砚，简约到如无雕，同时还能具体深入地突出实用功能。三在虚空。蝉形砚的一切，虚空得几近无有。四在蕴含。蝉形砚是实的，它有实在的蝉形、严谨的砚样、具体的器形。从用的角度审视，它是一方具器理，得实用的砚。蝉形砚的实，还体现在它予人的绵长不尽的蕴含，它让你读到禅意，读到有与无、空与色，联想到舍与得，等等。

砚史上，第一位做蝉形砚的人姓甚名谁，是何方神圣，今天的我们已无从知晓。蝉形砚，应和其他成熟砚样如是，经由草创期、发展期、成熟期，而这些不同的时期分别是在何时，都有些什么脉络、状况，这些都还有待于我们做进一步的深研。

我喜爱着欣赏着蝉形砚，一遍复一遍。我爱它无中生有，爱它的虚空澄静和不尽的禅意，爱它雕刻上的能舍尽舍，爱它的灵性鲜活又不失适度，爱它的亦蝉亦砚，神来意象。

做砚，是的，不能有太多的鱼和熊掌在心头。做砚，得意在刀下的日渐丰实，亦成就在心田的能舍尽舍。读一读蝉形砚，品味古人制砚的有中生无，想想，不是吗？

空山新雨

五、朱砂红荷鱼砚

朱砂红荷鱼砚，澄泥砚中的代表名砚。

荷，形态圆满、团样，意蕴一团和气，谐音"和"。鱼，余也，象征岁有余庆，吉庆有余。荷鱼组合一起，寓意和气生财，年年有余。因为深得民间喜爱，荷鱼这一题材，一直以来，在传统年画、木雕、竹雕、砖刻、石刻中多有出现。

澄泥砚，由人工和泥而成，是中国四大名砚中唯一非石质的名砚。

澄泥为砚，由早期的陶泥制器演进而来。澄泥砚，主出在河南、山西、山东、陕西一带，是古代声望很高，量产很大，影响深远的名砚。

澄泥入砚，工序十分繁杂。古人制澄泥，有以绢袋张开，年复一年入汾河取泥之说。新取的河泥并非立可入砚，还需经由多次澄淀，且需沉淀到一定程度。

制澄泥砚，和泥是重要环节，泥没和好，砚做得再好等于白做。砚做好了，晾放亦不容忽视。晾放，要放在阴凉之地，这地不能太潮，亦不可太干，阳光定不能直射，晾放时的风速、干燥度还有要求、讲究。

朱砂红，是澄泥砚的一个名品。澄泥砚，名品有鳝鱼黄、蟹壳青、朱砂红、玫瑰紫、绿豆砂、豆瓣砂等。朱砂红的红色，不是我们习见的鲜红，它不鲜亮，亦不艳丽。它也非桃红，桃红感觉轻盈、浮飘，还有点浪漫。朱砂红的红，沉着、红彤，是偏于厚重的一种红，透着喜庆。

朱砂红荷鱼砚，出自明代。

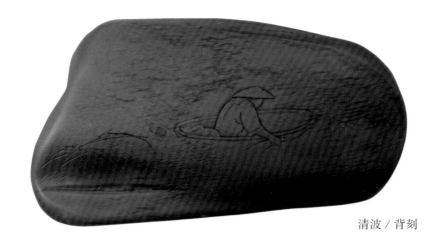

清波／背刻

明代，砚的制式与先前相比，已有不少变化。这时的制砚，最重要的一点是，砚已不单一讲实用。

此砚，从造型上看，不再是规范的见方、见圆，而是见轻松、见自然的一个状态。砚，刻一荷一鱼，荷在外，鱼在内，以鱼的一面作砚堂，用荷的围裹作砚池。在内的鱼，看似在内又不全在内；在外的荷，亦露亦藏，凹凸出鱼又相合于鱼。 从刻画上看，荷叶草率、粗略。鱼眼雕刻简单，也就大致凹刻了圆圈。鱼嘴，拉了两三根线。鱼鳞，刻了很多，不过是大体上的细密。

荷鱼入砚，有以荷的围裹形成砚样，亦有在砚上刻出两三片荷叶，在荷叶中刻出荷花，然后将鱼雕刻在荷叶之间。鱼，有的三五条出现，有的成群结队游弋。早年，曾见过一方端石雕刻的荷鱼砚。那砚，形团样，砚从正面至砚背满刻荷叶。正面，以荷围裹着一鱼，在鱼与荷之间辟出砚池，堂则开在鱼身上。砚上的荷，凹凸韵味尤好；鱼，刻画深入、精心、鲜活、细腻。

澄泥砚，做的时候是一色，经由炉火一烧，却可以幻变出意料之外的奇彩。

朱砂红荷鱼砚的过人之处、魔力魅力，关键在于它的最后一烧。这方砚的绝妙，在烧出了非凡、饱满，在烧出了红妍、喜庆，烧出了稀世的朱砂样色。朱砂红荷鱼砚的色彩，热烈而不夸张，红火但不浮艳。全砚由上而下，从头到尾，由点及面，可以说，红形的颜色与黑色之间，相得益彰，相映成趣。它的红，红得恰到好处，可谓亘古稀见精妙至极。

这样的色彩，好得让我油然而生过疑虑，觉得它不像是烧造的偶然得之，而是古人的刻意所致。

不管刻意还是天意，这方存世的朱砂红荷鱼砚，让我们得见古代澄泥砚的制作高度，得见古人在造物、制器上的高超技艺与深远智慧。

朱砂红荷鱼砚，现藏天津艺术博物馆。

三十多年前，在婺源龙尾砚厂，我读过朱砂红荷鱼砚图，如今再次重读，依然能感觉到它的不凡与神来。我爱它浓浓的年味、温暖的氛围，爱它的天地祥和、一团和气。

令人扼腕的是，一度风骚独领的澄泥砚，断断续续行到清代，由盛而衰，终于在某一天的某个时辰不辞而别，湮灭在漫漫风尘中。澄泥砚神奇独特的造砚古法，从此戛然止步，没能传流到后世。

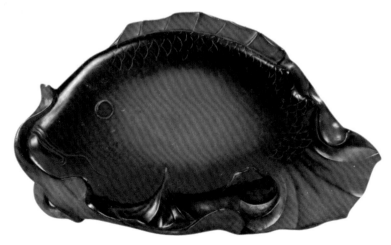

朱砂红荷鱼砚

六、双龙砚的了得

以龙入砚，似乎是个常态。端砚的龙砚，年复一年在雕刻，歙砚也一样。苴却砚，很多砚店在经销龙砚。

从砚种看，端砚的龙砚，雕刻细腻而精到。端砚的龙头、龙爪，鼓鼓凹凹，有很多细节精彩蕴涵其中。歙砚雕龙，少见有一如毕现的、从龙头一直雕到龙尾的龙。歙砚的龙，雕明确一部分之后，总要想着藏隐一部分，在歙砚，似乎不这样雕，龙好像就雕得不怎样。这是歙砚雕龙的特点。

龙，是否雕得细腻就好呢。一般地说，是这样。但是，从艺术角度看，好的龙砚却不见得好在雕刻的精细。

元德重宝

砚上雕龙，有人说，俗。就龙本身说，龙本无所谓俗或不俗。以龙入砚，谁都可以雕，谁都可以入。问题在于，龙如何入砚，我们该雕出怎样的龙。如果，别人雕的是五爪的清龙，你也是，别人雕龙神龙三现身，你也一样，别人深雕，你也深，别人镂空，你也镂，市面上遍地都是这样的龙了，你还是老生常谈，还这样做。这样雕龙，如何能不俗呢？

双龙砚，是一方古人做的砚。此砚，砚料是端石，砚出自清代，作者是刘源。这是一方在构筑、成砚、手法、艺术表现上出新立异、另开新境的名作。

中国制砚，宋代是一分水岭。之前的砚，有如暗室摸索，时不时地来回往复，犯着迷惑。砚行到宋代，重要的一件事是形体结构有了明晰的界定。砚的池、堂、边有了明确的分工，砚的长度、宽度、厚度开始步入规范化状态。

说到清砚，我常说，这是中国砚雕艺术发展的一座高峰。这座高峰突出表现在两方面：一是题材、形制日渐丰富多彩，二是雕刻日趋细腻，更见精进。

出自清代的双龙砚，砚的外形是不规范的椭圆形。这不规范，是宋砚规范之后的新发展。它，在形意上似是宋砚，有些端庄，亦方亦圆，但是，这一砚形，是鲜活地写出的，生鲜的形，由上行走到右下，如毛颖的突然一转，这一转折，看似突兀，却不难受。尤见高明的是，这形经由作者的巧妙转换，继续地前往，自如地奔赴，承继着前，且顺风顺水。

或许，这一形，是料石本来就缺边、少角，谁知道呢。但是可以肯定，此砚的形，经由高人之手。这人出手意化，懂砚，不泥旧制，仅就一形看，已见绘画和工艺符号恰好圆融，且，作者不仅能工写相兼，还能随石而变。

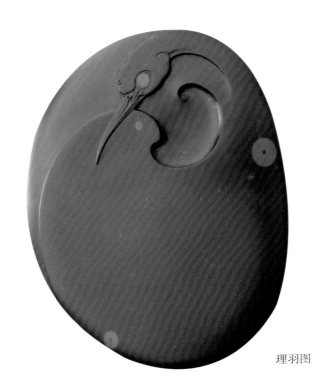

理羽图

　　双龙砚，砚形取的是做砚忌讳的头重脚轻、上大下小的模样。砚的头部重，雕刻也集中在头部，头部可谓重墨、重彩。但是，因为构成得巧妙，制作的处理高妙，这方头重的砚，脚却一点也不显得轻浮。

　　再看双龙砚的雕刻布列，这方砚，罕见地做他人所不敢做，为他人所不敢为，用一半还多的雕刻统筹着画面，让砚堂与雕刻等分般地各占一半，但，砚还能让人觉得舒适。更神奇的是，作者大胆舍去分明的砚池，隐砚池于其中，但是全砚砚味浓郁，丝毫没有不似砚的感觉。

　　砚中的双龙，一大一小，一如主角的亮相，腾挪起舞；一是配角的呼应，边出一旁。从此砚具体的雕刻看，雕，借助大小不同的云，凹凸、深镂，以显龙在形态上的浑实立体。刻，大量地使用了圆刀，以破平刀的平直，求得云与龙在雕刻上的浑然，以及砚的整体浑圆。

做砚，开池作堂，去料凹下，太多刻砚的人会。双龙砚的不一般，在制砚不拘泥于砚，在结合砚料又不被砚料所困，在重视题材又不执于题材。正因此，这方砚，砚与题材、主体与客体做到了高度相融。双龙砚，雕刻随石因材，在刻画精细的同时，兼顾了大与小的处理、深与浅的变化，砚中有层叠，见凹凸，主次分明，虚实相间。双龙不呆不滞，鲜活灵变，见神蕴妙，隐显得体，刻出了前人所未刻，创造了时人所未见。

当然，双龙砚也非尽善尽美。如，看它局部的一些云，雕刻堆积板滞，因为陡然深挖，深和浅缺乏自然过渡。这是此砚的局限，亦是当时的无奈。

双龙砚，代表中国龙砚技艺的一个高度。砚林中，很多人在雕龙、爱雕龙，甚至于倚赖雕龙。无论过去还是现在，双龙砚的出现，让很多云龙砚在它的比照下黯然失色。

刘源，活在清代的一个刻者，不想去细究、考证他的制砚经历，是河南开封人氏还是洛阳人氏。我想说的是，在我刚刚迈入砚厂不久，曾经，我有幸见到双龙砚的图片，之后，一遍遍地读。到今天，双龙砚依旧见优见异，而这一优异，归根结底在哪儿呢？还在制砚者工技以外的层面，累积。

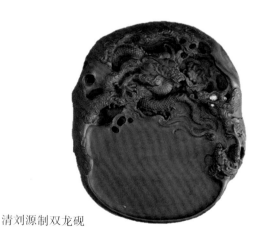

清刘源制双龙砚

名家与名砚

两片蕉叶，下刀是淡的，如迷蒙的月色。叶上，你观不到一点炫技，看不到一脉轻狂，见不到纤毫卖弄，品不到些许媚俗。蕉叶的美，是安静的，很单纯，像空谷的兰叶静静漫放，似幽静的岁月，无甚搅扰。

一、陈端友其人

陈端友，我写《砚谈》一书时聊到过。

他不是端州人，也非生于歙砚世家。他是海派砚雕的开山鼻祖，被砚界尊为一代宗师。

他不善经营业务，做不来砚的生意，师父的砚店交给他，开了几年就关张了。他在沪刻砚，一度，只给一个老中医刻，一刻就是八年。他的砚路出奇怪异，一是精工实写，精细入微。一是特立独行，另辟蹊径。将前人做的砚翻来覆去找寻，唐人造的，宋人做的，明代、清代人雕的，寻不到陈端友制砚手法的出处、缘起。

这是怎样的一个人呢？神秘？古怪？是的，思来想去都有这感觉。单看他取的名吧，端友，其意不就是与端石、端砚为友吗？大千世界，可以为友的很多，芸芸众生，有那么多的红男绿女一应人众呢，他却要和冷冰的不能开口说话的石头友到一起。这有多神、多怪。

一辈子，他就擅长那么一门手艺——刻砚。每天，摸着刻刀，就着冰冷的砚石，日复一日。

看他刻的怪异的砚，比如，在砚上雕刻白白静静略加浑圆的蚕。那蚕，有的是整条刻出，有的钻在桑叶里，露出一头或一截身子，刻这样的东西，和喜

庆而有寓意的龙凤呈祥、松鹤延年等题材比较，几乎不具意义，一点意思没有。他不管那么多，只是痴迷地雕、刻。紧接着，他还刻了更没意思的，那是什么呢？是被蚕吃过咬过的所剩无几的有着无数虫眼的叶子。就靠手上的刻刀，他把这些虫眼，大的小的深的浅的，一一逼真镂刻出来。

还比如，他雕的田螺砚。一方砚，除砚堂、砚池外，满满当当到处雕有田螺，多雕几个田螺也就罢了，他还别出心裁地把田螺在水田里和泥上走出来的纹痕，用刻刀精细入微一缕一缕地凹凸表现出来。

对应他的砚，我的大脑里蹦出过两字，冷僻。想陈端友这人，个性应是偏冷，甚至于冷漠生硬不爱说话不太理会人。这人孤僻、孤单，乃至孤苦伶仃形单影只般可怜。几十年里，倚仗、依凭的就这丁点手艺，一门心思，一天天面对着砚石，只知道雕，只想着刻。

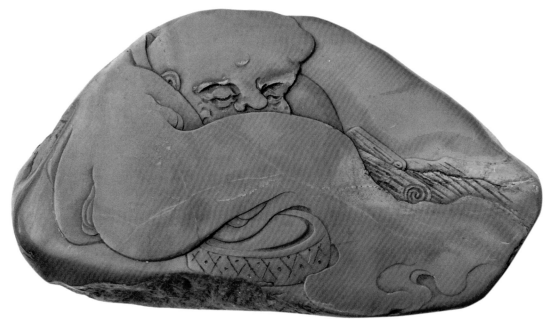

春眠不觉

他的砚，多方正，规矩。砚的规矩，老祖宗一代代传下，经由他的师父张太平传到他手上。他执拗地拢着、守着这些规矩。想他刻的砚，要刻出蚕的柔软，还要刻出桑叶上蚕咬出的纤细的虫眼，还要刻出角度各异的田螺，以及田螺爬行留下的泥痕，还要讲究砚的形制规矩，多累啊，可这人就这样。看他的照片，黑黝，精瘦，这是累的。

他的砚不投机，不取巧，属于实在雕、实在刻一类。是老老实实刻的砚，是刻得老实的砚。所以，我要说，陈端友这人，骨子里是个老实人。因为，只有老实的人，砚才会刻得这般实在，功夫能下得这般硬实。看他刻的蘑菇，正面已经刻得满满了，背面，他一样继续地雕，细细地刻。一方蘑菇砚，眼看由初春刻到了秋残，他觉得还有很多地方没刻到位。蘑菇砚，刻的不就是蘑菇嘛，砚上少雕些蘑菇，或就在正面雕刻些蘑菇，不也是一方像样的砚嘛。制砚，他懂的，可以只雕正面，大可不必管什么背面。可陈端友这人就是老实，甚至于老实得木讷，他刻蘑菇砚，正面刻好了刻侧面，侧面刻好了，他往砚背刻。砚的正面、反面、侧面均要刻上蘑菇。他雕的蘑菇，不同的蘑菇还刻有各异的向背，尤其蘑菇的背面，那一丝丝的细纹，他刻得入细、入微，可以说挖空心思极尽精微。这样的刻法，也只有老实到家的人能做到。

翻看他的砚，越看越觉得这人不仅规矩、老实、木讷，还特"无聊"。看他刻的竹节砚，一小块端石，一段不起眼的竹节，他依然如故地正面、反面、侧面都刻。刻也就刻吧，他还要在竹节上雕刻虫眼，一个个深深浅浅大小不一的虫眼，被他"无聊"地精细镂刻。还有，竹节剖面生的细细密密的斑点，那些斑点，一般人简直不会留心注意，他不仅注意了，还一点一点不厌其烦地细微雕刻出来。最最"无聊"的是，连锯子锯竹节时留下的错落的锯痕，他也用刻刀镂刻了出来。

陈端友，一生约刻五十方砚，每刻一砚，少则数月多则数年。

他的一方《九龟残荷》砚，据传前后刻了28年。

第一次，见陈端友的砚，特别惊异。

看过很多砚的我，想不到刻砚可以这样刻，还能刻成这样。我想知道陈端友的砚究竟刻得怎样，于是，我问老师王涧石先生，王老师说，陈端友的砚，砚界评说较多的是比较匠气。

匠气，展开说，指的是匠人习气。一方砚，匠人习气主要是哪些呢？比如重复的手法，一如的刻法，老旧的套路。比如概念化、模式化，比如倚重手工功夫，偏于雕刻功夫，重技，炫耀于技，等等。

当年的我，只知道陈端友的砚精工、写实，刻得细、像。至于刻砚不仅在雕，在刻，还得看是否脱去了工匠气，当时我实在理解不了。

数年后的一天，和方见尘先生聊起陈端友，方见尘说："那是一座高峰，我方见尘见了他，也只能绕着走。"

2002年，因为天津艺术博物馆收藏我一方砚，我到了天津。见到蔡鸿茹老师，坐下没多久，我再次提到了陈端友。

蔡老师说，陈端友的砚，比较甜、俗气。

王涧石、方见尘、蔡鸿茹，三个制砚或研究砚的专家，谈陈端友，谈得各有侧重，各见不同。

当年的我，觉得陈端友的砚好，看到的不过是雕和刻。王涧石老师说的匠气，涉及的已有品位。方见尘谈陈端友，说陈端友是一座高峰，见了他只能绕着走，指的是雕刻层级。而蔡老师说的甜、俗呢？关乎的是格调。

弹指一挥间，刻砚，我也有了三十多年的历练。刻过很多砚的我，如今，对陈端友的砚，怎么看呢？其一，大多的制砚，做的不过是一件事，延续或者复制，相同或者近似。陈端友的卓越，在独出心机，另辟蹊径，他用前所未有的精工实写，开创了制砚的一片新天。其二，陈端友的刻砚，拓宽了砚的表现领域，尤其在技巧上多有创新，堪称古今独步。其三，

陈端友的刻砚，不是对石雕、绘画语言的简单套用。他刻砚难得、了得之处，在不管题材如何不同，构造如何别异，始终能围绕砚做文章。

由古往到当下，就砚的独创性，雕刻的精湛而言，我以为，陈端友刻砚，堪称前无古人后无来者。他是当之无愧的砚林绝响，稀珍奇峰。

当代砚林，太需要有甘于寂寞专意技艺的人，太稀缺这样的奇峰。

陈端友，名介，字介持，江苏省常熟县王市镇人，生于1892年，1959年去世。这个人，除了会做砚，似乎是什么也不会的，就连结婚，他也没结过。

二、吴门顾二娘

（一）

吴门是现在的苏州。

顾二娘，雍正至乾隆年间人，著名女制砚家。

以制砚说，清代是一个辉煌的时代。

清代，人物、山水、花鸟、器物，一批批题材入砚。深雕，浅刻、薄意、镂空，手法可谓百花绽放。清代，有《西清砚谱》行世，这砚谱可谓名声显赫，主编的名头尤其大得不得了，他是爱砚的乾隆。

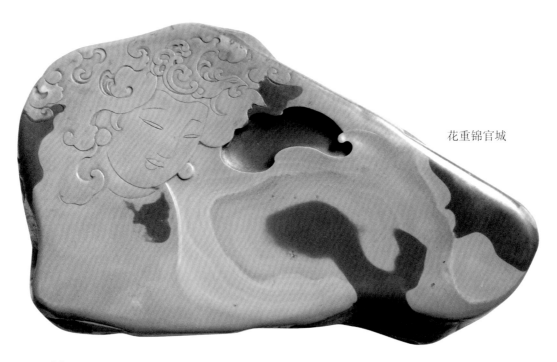

花重锦官城

清代，北京设有清宫造办处。

造办处的雕窗下，河南人刘源正在倾心雕刻一方双龙砚，这方砚，刘源用了很多前所未有的深雕、掏挖、空镂手段，即便刻于其中的云，他也极尽心思，掏出了很多别样的空灵。还是清宫造办处，名手们正在雕刻一种新砚材。这砚石，有黄有绿，或者黄绿相间，当时的民间制砚师别说用这砚石造砚，即便要见上一眼都难。它不同于端，有别于歙，用这砚石刻出的砚，专供皇家御用。这些砚，造型、制式十分考究，雕刻手法精细奢华。其就是后来令砚林刮目的皇家御用砚——松花砚。

清代，江苏吴门，行过拱桥，在一个名叫专诸巷的地方，一个慧质兰心的女子正在造砚。她造的砚，有端，有歙，还有出自苏州的澄泥石砚。她，就是顾二娘。

制砚不易，对女性而言尤其是。制砚，需要手、肩、腰等多方面的力量配合，学习做砚，免不了要搬抬砚石，切割琢磨，开砚堂打砚池，一刀刀雕刻，需要力道，还要随时面对飞溅的石渣、飘浮的石尘。顾二娘，又称顾亲娘、老亲娘。她还有一别号，称顾小脚，传说砚石是否佳妙，她用小脚摆弄一下便知。谈起制砚，顾二娘自是独有心得，她说："砚系一石琢成，必圆活而肥润，方见镌琢之妙，若呆板瘦硬，乃石之本来面目，琢磨何为？"

说顾二娘，还得提一人，这人带了很多端石交顾二娘刻，他喜欢顾二娘刻的砚，熟知顾二娘的雕刻手法。顾二娘给他制的砚，除铭有"吴门顾二娘造"的印记外，一方方砚里，还刻有他自作的诗，铭有他的砚藏篆印，这个人就是黄任。

黄任（1683－1768），字莘田，福建永福人。善诗，工书，尤嗜藏砚。曾任广东肇庆府四会知县，兼署高要县事。

"一寸干将切紫泥，专诸门巷日初西。如何轧轧鸣机手，割遍端州十里溪。"这是黄任专为顾二娘写的诗。

（二）

　　以下两砚，一藏北京故宫博物院，一藏台北"故宫博物院"，两砚，都为顾二娘制，都曾是黄任的藏砚。

　　两方砚，在雕刻上观，雕的地方都很少，砚池，开的都是特形池。

　　故宫博物院藏的是《洞天一品》砚。端石，砚长23.5厘米，宽20厘米，厚3.6厘米。

　　砚，石形略方，制作布列随形，砚额处，洞开一方形池，池边围刻夔龙纹。砚右下方铭"莘田真赏""十砚轩图书"篆印。左侧，刻行书："非君美无度，孰为劳寸心。"下刻行楷书："康熙己亥六月任"款。砚右侧刻篆书"吴门顾二娘造"。

　　略一看，近方的池，像吴门一带傍水而设的轩窗。也曾想，那洞开的感觉，许是顾二娘手执刻刀心向砚石的灵性一动、心扉顿开。

　　台北"故宫博物院"藏的砚，是顾二娘制的蕉叶砚。砚属清宫旧藏，端石，砚长14厘米，宽9.6厘米，厚2厘米。

蕉叶砚／顾二娘制

此砚，砚额处刻蕉叶两片，池，开的是圆月形，砚背以浅浮手法刻老僧读经图。

凌云图

下面，我们单说蕉叶。

以传统水墨画看，蕉叶适于笔墨的渲染、展开、挥写。置于砚上，或铺、或陈、或拢、或合似乎都得宜。且，它好像生来就有水缘，生发在砚池边，有如荫绿在溪畔、池塘一样。当年的龙尾砚，有一段时间，蕉叶在砚上出现较多。龙尾砚刻蕉叶，多取随形石雕刻布列，砚上的几片蕉叶，喜做成围式，或围池、或池塘合围，或如陈端友刻的蕉叶，取全砚合围式。另，砚里多有水牛浴于其中。这样的形式，我到四川后，在苴却石上还有过尝试、探索。

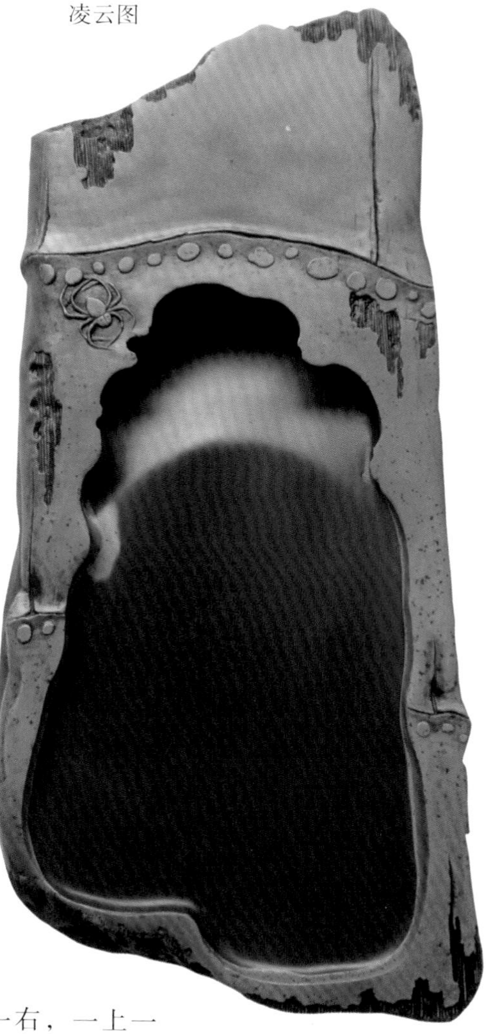

此砚，砚中的蕉叶，一左一右，一上一下，一向一背，两叶间彼此有些相交。蕉叶，一眼看去，不过是平平、浅浅地相交。要是砚上刻个三片、五片蕉叶，画面或会丰富些，可这砚的蕉叶，就两片。

制砚，少不了砚边。这砚，边，已然抹去。有如不经意地轻轻一抹，了无痕迹。顾二娘，她怎么想到要去这砚边呢？是因那凸起的砚边碍眼、牵强、显得做作，多余吗？

对着这砚慢慢看，渐渐读进去了，会觉得，这砚有一脉别样的情怀。它和你一点也不生分，而是水样的和柔，让你觉得可人、可爱，可以亲近。

两片蕉叶，下刀是淡的，如迷蒙的月色。叶上，你观不到一点炫技，看不到一脉轻狂，见不到纤毫卖弄，品不到些许媚俗。蕉叶的美，是安静的，很单纯，像空谷的兰叶静静漫放；似幽静的岁月，无甚搅扰；又如山里的日出日落，自然自在。两叶间那一点点相交，形如两个吴门君子，又像江南采莲的女子，清秀得淡远，影影绰绰，还有点娇羞。

整方砚，清新、淡雅、文气，有厚度，不纤弱，去纤细。

看砚，读砚，有一有意思的现象。有的砚，一眼看去不错，再看，觉得不过如此，三看，平平常常，觉得已没什么好看。有的砚恰相反，一眼看去平淡无奇，似乎不觉得有什么，可是，再看再读，会觉得越读越有味，越看越觉得意蕴、魅力、学养深藏其中。

想我们平日刻砚，总怕刻得不够跌宕，总想着如何更凹凸立体、更夺人眼目。我们刻砚，心思往往花在表面，具的多是表面的功夫。顾二娘的砚，刻的什么呢？刻的是她的温馨，柔软。那砚，如随风潜入的好雨，滋润你的心田，又如吴侬软语，温婉得令你心醉。

尊者

三、行走端砚，

有如穿行在一座年岁廖遥的古城

端砚是一有意思的砚种。比如，很多砚都在求新求变，有在砚形上求的，有在题材上拓展的，也有在具体雕刻上追求新变的。有的浅浮已变成深雕，有的深雕在追求圆雕，有的求立体求得让人目瞪，端砚不！这许多年，端砚的面貌，始终是固态的。比如形，端砚的形，尽管也出过一些异样，但主流是端庄的。端砚的图饰，构图总是实，总是满腔热情，总不点到为止。在雕刻上看，端砚一如地入细入理，一如地保持着代有的云那样，山那样，水那样。

看过端砚的一本论文集，里面有人说，端砚的面貌要求新，要变一变，不要总是老一套，可端砚就是端砚，以不变应着万变。

我喜欢端砚，喜欢它一如的传承，喜欢它代有的固执。

我们的砚林，很多砚种已变得面目全非，自个儿都不知是谁了。诚然，艺术不喜爱一成不变，艺术偏爱标新立异。然砚雕艺术，也一定需要端砚这样的顽强固守，也因为有这样的固守，端砚技艺，才让人觉得别具风骨。

（一）

早年在龙尾砚厂，见过一方端砚，砚是新作，比字典略大，砚形椭圆，砚上刻有梅花。

梅花，很多砚种在刻，当时的龙尾砚厂也在刻。龙尾砚厂刻的梅花，浅浮雕刻，总体感觉清浅、淡雅，有疏影横斜、暗香浮动的感觉。在歙县一个砚者家里，亦看过一方以梅花为题材的砚，梅花应石布列。下部刻屈曲的梅桩，梅桩刻得浑朴苍老，而梅花，在枝干的穿插、疏密间刻出，这样的刻，像国画中的泼写，别有一番味道。

端砚的这方梅花砚，雕、刻却是不同。第一，它是深雕，梅花的枝干雕刻得见凸立，悬浮。第二，在深雕深刻中，梅花枝干间还穿插空镂。都是砚，刻的都是梅花，端砚和歙砚如此不一样。

几年后，出差至广东，特意去了一趟端溪名砚厂，时任端溪名砚厂厂长的黎铿先生说，端砚厂人刻砚，十厘米大小的规格砚，梅花、竹子、松树等，已可以不用依设计图雕刻，而是能自画自刻。这让当时的我觉得很了不起。刻砚人面对砚石，画松树，画梅花，提起笔就能画出，已属不简单了。因为在砚石上画，本不同于纸上绘画，怎么画，画什么，要和砚石、砚的池、堂、边联系在一起通盘考虑。其时的歙砚厂、龙尾砚厂，刻砚依设计图雕刻，按图施工是再正常不过的事，要让许许多多刻砚人行到自画自刻这一步，当时，想都不敢想。

记得，更早时候，在婺源还见过一块端石。那时，以为端石、歙石如是，上面得有金星、金晕，于是，对那砚石看了又看，确定砚石上既没有金星，也没有金晕，心里就想，就这样一块普通石头，那么重，值得大老远地从广东一路背到婺源吗？

雕龙尾砚十余年，又刻苴却砚十多年，二十多年间，端砚，刻过一些也看过不少，可是，再去肇庆走走看看的想法一直都有。其时，手头正在写《砚林煮酒》，恰好有个砚文化研讨会在肇庆召开，于是打点行囊，我决定，再去肇庆看看。

（二）

到肇庆，到了一个端砚的展馆。

不知道，这算不算是端砚的博物馆，要作为博物馆，这里显得似乎狭小。步入这个馆，感觉不到这是一家博物馆。不过，于我这个制砚人而言，来这里是来对了，这里，不仅能看到端砚的古往，关键，还可一次看到众多端砚名家、高手的作品。

作为中国的砚都，肇庆怎么都应开一家云集天下名砚的大博物馆。到瓷都景德镇，随意走进一家陶瓷博物馆，瓷都的气度、风范与风骚独领，一下就跳将出来。

在这个展馆，走走，看看，转了一圈，回头又看了看个别的砚。之后，我走了出来，馆的外面，天，蓝湛湛的，远处的山，看起来也是淡淡的蓝色。

又去一个地方，见那里存放很多砚，一家家隔开，看也行，针对某一方砚谈具体的买卖亦行，虽说一家是一家的，看了，感觉在

蟾行

风貌上大体差不多。

再，去了几家砚店。有一家，门边有几人在刻砚。有一方砚，刻的是龙，砚颇大，砚上雕了九条龙，手法深雕，镂空。看得出来，刻这砚，功夫下得不小，已经刻了一段时间，但是，一时半会还刻不好。

端砚的店，走进去看看，一般地说，不会晃一晃就出来。他们的店，多有上下两层，有的还开有三层。一层的砚，以普通、低端砚为主，看砚，你在一层看过，店主人觉得必要，会带你进入二层。二层的砚，相比一层的，品质、雕刻的精细度、价位等都会不同。要是兴致不错，还会带你到三层看看。当然，三层的砚更高端一些，从价位上说，十多万、数十万的居多。

到店里看砚，店主人或多或少要对你说，这砚出自哪个名坑，砚上有什么名品，砚刻得怎样，有的还会介绍刻砚的人是什么级别的大师，等等。

刻砚的个人工作室，有一家，开在深巷里。

和其他地方最不同的是这里砚不多，我在这坐了一下，和这位刻者聊了聊砚。他刻砚有想法，雕的砚见探索，比如用材，他有意识地从石形、色泽，乃至石眼分布上选择。刻砚，看得出和他人有区别，有的方法像刻歙砚，刻得清浅而朦胧。有的，尽管还是深雕，但是，这样的深雕，不同于随处可见的端砚，做法已比较另类。

多年前在上海，和一个海派风格的砚家聊过砚。于刻砚，这位砚家提倡少刻，一年，刻个一两方，四五方都行。在我们聊砚的不远处，靠墙摆放一砚石，砚石皮面斑驳错落，凹凸不平，这位砚家说，他喜欢那皮，想就那皮面的斑驳刻点什么，但是想法还不成熟，还在想。

海派砚雕鼻祖陈端友，一年下来，刻的砚也就一二方。在肇庆，我和这位端砚刻者聊到了海派，果然，他熟。

（三）

在肇庆，少不了要看端石。

有个人，我们一起喝茶，手上就拿着一块端石。那石，掌心大小，偏薄。用那砚石做砚，开池，做堂，显然不好做。他一直拿在手上，来回摩挲，晃动。终于，话题聊到端石上，他说，手里的端石来自麻子坑，石虽然小块，质地却非常好。坐我身边的制砚同行，把那小石片拿在手上看了看，对我说，这块砚石，虽然个头小得算不上什么，要论身价，却是要值千元以上。

又到一地，话没聊上几句，忽然人家又带我看起砚石。我看那砚石，形态略圆、厚重，大小约80厘米。店家告诉我，买这块砚石，花了50万元，虽说砚石刚拿到手，花了那么多钱，但还是值，要是马上转手卖出去，应当能赚10多万元。

端石主产地，分两大片区。第一，位于肇庆以东的羚羊峡斧柯山一带。主要名坑有老坑、坑仔岩、麻子坑、梅花坑、宣德岩、朝天岩等。第二，位于肇庆市北边的北岭山一带，主要名坑有宋坑、盘古坑、陈坑、伍坑等。

端石的老坑又称水岩、皇岩，所出砚石，石质细腻、滋润、致密、坚劲。主要石品有鸲鹆眼、鱼脑冻、青花、天青、火捺、蕉叶白、金银线、冰纹冻等。以砚石质地看，老坑砚石集端石优点于一身，可谓端砚最美妙、优异的砚石。清时陈龄认为水岩有八德："一曰历寒不冰，质之强也；二曰贮水不耗，质之润也；三曰研墨无泡，质之柔也；四曰发墨无声，质之嫩也；五曰停墨浮艳，质之细也；六曰护毫加秀，质之腻也；七曰起墨不滞，质之洁也；八曰经久不泛，质之美也。"

2002年，有端州人拿出2万多元，下手买了5块端石。这5块端石，大的近90厘米，小的在60厘米左右。

　　端以眼为贵。眼，是伴生于砚石中的圆形石核，是端砚的著名石品。

　　端石中的石眼，形态浑圆，如珠似目。清潘次耕在《端石砚赋》中这样描述石眼："人惟至灵，乃生双瞳。石亦有眼，巧出天工。黑睛朗朗，碧晕重重。如珠剖蚌，如月丽空。红为丹砂，黄为象牙。圆为鸲鹆，长为乌鸦。或孤标而双影，或三五而横斜，象斗台之可贵，惟明莹而最佳。"

青绿山水

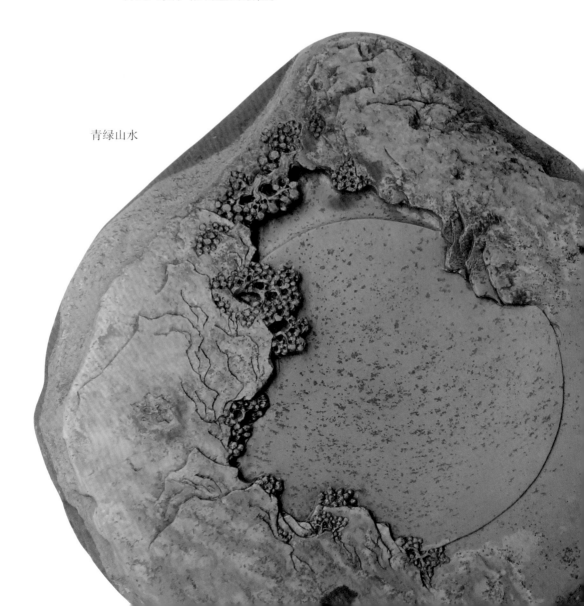

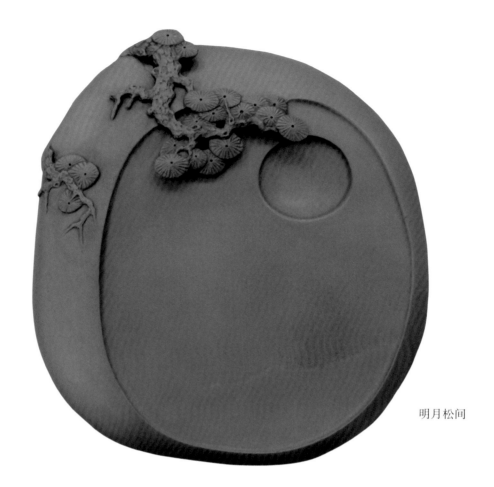

明月松间

　　根据形、神、色的不同，端砚的石眼分为鸲鹆眼、象眼、雀眼、鹦哥眼、猫眼、绿豆眼、象牙眼、鹩哥眼，等等。其中，以黄绿色泽、晕层多重、晕线明晰、状如鸲鹆（又称八哥）眼睛的鸲鹆眼最是难得。

　　端砚的青花，有微尘青花、子母青花、萍藻青花、蚁脚青花、玫瑰紫青花等数十种之多。何传瑶在《宝研堂研辨》中认为："鉴别端石，以青花为最佳。青花，石之细纹也。"《端溪砚史》载："青花如波面微尘，隐隐浮出。视之无形，浸水乃见，斯为上品。"

　　端石的鱼脑冻，古人有白如晴云，吹之欲散，松如团絮，触之欲起的描述。《宝研堂研辨》这样谈鱼脑冻："一种生气，团团奕奕，如澄潭月样。"鱼脑冻，色嫩白，细观白中微黄，状如封冻的鱼脑。伴生于端石中的鱼脑冻，有的是块状的圆晕，圆晕外有火捺团围，其状似梦似幻，如混沌初开。有的若隐若现，如曼舞的轻纱飘拂。有的如蚕茧大小，细碎散开，了了然而无形。鱼脑冻，仅仅在老坑、坑仔岩、麻子坑中出现，是公认的端石中最细腻、最嫩润、最为珍稀的名品。

这5块砚石，有的上面生有名贵的鱼脑冻，有的伴生稀珍的鸲鹆眼。5块砚石，他一直拿在手上。那年，我到肇庆，5块砚石一一看过。当时，有人和我说，这五块砚石，现在要卖的话，可以用卖砚石的钱在肇庆买一栋别墅。

砚石，顾名思义，用作制砚的料石。

用来制砚的砚石，并非细腻就好。比如玉石，就因为太细腻，细腻得难以研墨，所以，只能作玉石用，而不宜作砚石。用以制砚的石，质地粗糙了也不适合。砚石过硬，墨在研磨时会打滑，砚石过软，墨没研出来，石却磨出坑了，也不行。

端石，以洞坑开采为主。

古代，为了防备采石工私拿名贵端石，把守坑洞的官员要求他们尽去身上衣着再入洞采石。端石洞坑多在高山上，从山上把砚石运往山下，古人想出捆绑砚料，用上拉下拖的办法搬运料石。如今，时而搬运料石还会沿用古法。用于拖石的石道细长蜿蜒，从山上的坑口一直通往山下。

端石的优异，要说首重，还在它的实用性。

传说晚唐时期，皇帝开科取士。广东有个梁姓举人，带了方端砚上京应试。其时长安天寒地冻，大雪纷飞，考生研出的墨汁很快结冰了，唯独广东的这位梁姓举人，用端砚研出的墨汁不曾结冰，且顺利完成了考试。皇帝得知后，即将端砚列为贡品。从此，"隆冬极寒，他砚常冰，而水岩独否"的端砚名扬四海，身价倍增，名重天下。

（四）

　　端砚的雕刻，有渊源，得传统。

　　很多砚，松梧梅竹，古树人家，画面是古的，但是砚的整体风貌不见得古，也谈不上现代。一个砚种的刻砚，在当下，不说具什么传统，传统得怎样，即便要在砚上刻出点古意，可以说已非易事。

　　比如雕云，这砚那砚都在雕，雕得自由的有，雕得任意的亦有，雕得随心的也有，想怎样雕，似乎就可以怎样雕，可是这云没有来头，找不到原点。当然，这样雕云没什么不好。端砚的云，就像你临过的帖，或是颜真卿的，或是柳公权的，有渊源，有出处，一朵朵云，走得很正，雕得也很正。它的云，雕的多是双线云，云的来龙去脉清楚，云的刻法工整，云的凸凹明确，此云与彼云间有讲究的联系。看这样的云，一看，很古老，很有法度。尽管，不知它传自哪朝哪代，如何传来，由何人传起，但是，这云刻得有味，非常传统。

　　细加品嚼，一方方端砚，可以让你油然想到工整、格律的唐宋诗词，联想起别有洞天的古典园林和玉石雕刻中的透、漏手法，链接到古代砖木雕刻的立体悬浮与斜切。这样的端砚，如此的蕴涵，在他砚可谓罕见，在端砚，古古早早地已是习惯。

　　"行走"于端砚，有如穿行在一座年岁廖遥的古城，它历过唐的恢宏、宋的绵细，经由青花瓷的浸润、三希堂的滋养，随意捧起一方端砚，或多或少，你都可以感觉到它的独有气质与别来厚度。

　　端砚雕刻，是以一平面切入的浮雕兼镂空手法。

　　一方方砚，砚面，在没雕刻前，端砚，先会处理成平整、水平的一面，而后依切入手法深雕、浅刻。

　　制砚，用以雕刻的砚面，平或不平古今有别。古代，砚面多是平的；今砚，此砚与彼砚有平有不平，可平可不平。以大多数砚类看，当下，砚面表现的多是能不平就不平。可是，端砚的砚面，无论雕龙雕凤，雕山刻水，雕刻之前多还是先求平。平，在时下，已是端砚固有的。

雕刻，在平的一面求不平，切入雕刻是极高明的手法。切，是略微倾斜的斜切。这一手法，在中国传统的砖雕、木雕上皆能看到。它的特点：一是雕刻时，切入要依视觉效果进行。二是雕刻过程中认准一个角度切入。切入的要点：第一，立体浮刻出物象。第二，通过切入，将看到的多余浮料一应剔除。

再看浮雕、镂空。端砚的浮雕，是深浮雕刻，雕出的物体见一定厚度、层次，同时具有凹凸、立体感觉。端砚的镂空，是在雕刻过程中将部分空间深镂挖空，予人以透、漏之感，使雕刻的物体更具悬浮效果。

欲雨

直面端砚，扑面而来的感觉是细究的工与入微的细。

工，是如工笔一样的一丝不苟的工。这工，由刻刀一刀刀编织，是功夫，却又不仅仅源自手头。

端砚的工，第一，是形态的见工。

端砚的形态，极少见到粗野的外形，粗略的造型。端砚的形态，多呈端方、庄重之态。这些形态，不一定就是讲对称见规范的正方形、长方形、圆形。端砚的端方、庄重，是有讲究、见工力的端方直正。

第二，是砚池、砚堂、砚边的见工。

砚池、砚堂、砚边，是砚之所以为砚的要素。是一方砚重要的三方面。市面上很多的砚，我们可以看到描龙刻凤的细腻，看不到的是砚池、砚堂、砚边的有讲究的见工。

端砚的池、堂，边，分工合度、适当、见理。池开多大多深，堂在一方砚中的面积、深浅，边线或宽或窄，等等，可以让你感觉到工绝不一般。而这样的不一般，是端砚深蕴传统的体现，非朝夕之功能够企及。

第三，是一方砚整体上的见工。

做一方砚，砚上可以雕入的题材很多，不管刻什么，雕的东西怎样，砚形是古典的规范式还是天成的自然形，端砚，在整体上看多能见工。砚林中的砚，有的在雕刻上见好，在打磨上却不见得好；有的砚构思好，工一般；还有的砚，砚池、砚堂、砚边看着不错，在整体处理上却多见毛糙。

第四，是整个砚种的见工。

端砚的见工，并非体现在个别作品，而是整个砚种。在端州，随便进入一家砚店，你看到的砚，一方、

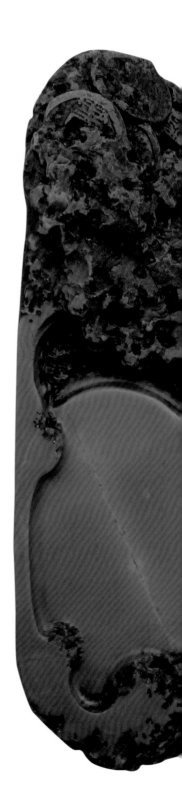

十方，甚至于上百方，见工可以说无处不在。

一个制砚群体，能做到一半的见工已非常不易，要做到整个砚种都见工，个中繁难艰巨，何止于数十年的不懈努力。

再看端砚的细。

细，是我们常见并习惯使用的一个形容词。很多门类，评价它的好，人们多会用细腻、细致作为肯定。在艺术领域，画得好，绣得好，人们多会说很细致。举凡竹、木、牙、玉雕，等等，说雕得好，也会说到细。

端砚的细，是雕刻上摆着、亮着的见工、见实的细。

比如，端砚刻荷叶，把荷叶凹凸有致的边沿细致勾画、刻画出来是一细，把边的翻翘翻卷雕刻表现出来是一细。一般地说，荷叶刻到这样，已算是见细了。在端砚，荷叶的细还不仅细到这等程度，连荷叶的荷梗还能进一步细刻，刻出凹凸不一，刻上细密的纹痕，有的梗上还刻有细小的虫眼。

端砚的细，看得见，摸得着。

端砚刻山水，凡是见水，有水的地方，多会雕出细密的水纹。一艘小船泊于溪边，船刻得细，船边的水也会细细地刻画出来。端砚刻山水，讲层层深入，前一层细，再一层还细，到第三层、第四层……在端砚，只要刀能走到，他们会一层层地细刻下去。

端砚的荷叶，边沿、叶脉、正面或背面，荷叶的梗、叶沿的上翻或反转，一应都有刻法、手法，不是想怎么刻就随意怎么刻。这样的刻，让我想起大年三十的年夜饭，何时应当放鞭炮，祖辈、父母、孩子如何按长幼入座，何时端起酒杯，由何人先说话，何时动筷子，等等，有规矩、有顺序、有讲究。

我说过，刻砚，不是都得这样刻，亦非这样刻就对，不这样刻就错了。端砚，如此得传统的刻法，在当代这样或那样的砚类中，可谓已是唯有。这样的端砚，我不知道，痴迷它的人有多疯魔、多深入，可以肯定的是，它得我这个刻砚人的珍惜，得我的喜爱、热爱。

聚源图

四、歙砚，优势不仅在手艺

歙砚，呈青黛色或青黑色。歙砚的金晕，块状、团样，晕色幻变，朦胧如梦。歙砚的金星，有的状如突来的雨点，有的如斜风中洒下的细密雨丝。歙砚的水波罗纹，涟漪般的纹理如微风拂于湖面。

歙砚那一地，有太多线条方正的深宅大院。那里的人，多经由传统诗礼层层叠叠浸润、濡染。那里，有太多的雕花门窗，雕梁画栋、砖雕、楼饰，打小，刻砚的他们一天天、一遍遍地看。他们坐的用的多是祖传下来的有雕刻的古老方桌，有雕刻的太师木椅，有镂空的精美茶几、方凳、圆凳，就连小时候吃饭的碗，随手打坏一个，都可能是画有青花的古老的景德瓷。

他们的优势，不仅在手头，更多地在心理层面，精神层面。

每次回婺源，到砚店走走看看，多会有新的感觉、感受。端砚，从群体上看，刻的是一路手法。歙砚，略一看，都是浅浮雕，可是深入细理，这人和那人，此砚和彼砚，个中却大有区别。

有个制砚人，评上大师后，到婺源走了一趟。后来，我回婺源，问见过大师的人，对大师印象怎样，婺源的刻者说，这人好像还不会刻砚。这样说话，其一，在知砚，懂砚的底气。其二，透着歙砚的傲气。

普遍地看，歙砚的成砚，体形都不大。从砚石说，歙砚的砚石，和别的地方一样，有大块的砚石，也有小块的石片，可是做出的砚，相比他砚，感觉要小一些。

歙砚的雕刻是浅浮雕。浅浮雕，是以浅显深的一种雕刻形式，是歙砚的传统表现手法。

从视觉呈现看，浅浮雕，雕出的图案是浅显浮出的效果。它要求雕刻者在不深的层面，把所雕物体的空间感、立体感表现出来。从雕刻本身说，浅浮雕有缺憾，比如平铺浅显，不太吸引人的眼球，没有奇峰突兀般霸悍张扬，不像高浮雕震撼，没有镂空雕予人的冲击力。

雕刻一方砚，采用深浮、高浮、镂空、薄意，等等手法都可以雕。将这些手法综合到一方砚，也未尝不可。我常常说，雕砚刻砚，手法无高下优劣，采用什么样的雕刻手法都可以，其中关键，在如何雕，能雕得怎样。

浅浮雕雕得浅，是不是比深雕来得容易？其实不然。浅浮雕的浅，是以浅显深，寓深于浅。要点是在不深的雕刻层面，通过雕刻表现，体现物象的凹凸、立体感，达到特有的艺术效果。

对歙砚，在我的由云南人民出版社出版的《砚谈》一书中，我做过如下评价：歙砚，雕刻以浅浮为主。歙砚长于抒情，注重灵性的挥发，重刀工，重线条韵味，雕刻以浅显深、半留本色，少有深浮雕刻，镂空更是少见，手法见别于端砚。其特色如下：其一，讲究砚形的浑然古朴。歙砚，造型讲端方、蕴自然，重视砚的形态美。第二，注重线的表现。歙砚，线条灵动秀逸，侧重线的表现运用，线在歙砚雕刻中可谓无处不在。第三，重结合自然。

歙砚雕刻，注重结合自然肌理、天成纹理以及石品色彩。推崇略加琢磨、半留本色之作。第四，重意。歙砚雕刻长于写意，刀法讲求洗练，注重意刀的运用。

雕刻歙砚，一在安徽歙县，一在江西婺源。在歙县，歙砚仍称作歙砚；在婺源，歙砚，习惯上称作龙尾砚。

1. 歙砚的线条

歙砚雕刻很讲究线条。歙砚的线条，略加考量无处不在。

在歙砚，一方不施图饰的砚，称素砚。以功夫看，素砚看什么，看的是开砚池、起线条、做砚堂的功力。这功力的呈现，其中重要的看点是线条。

一方雕刻山水的砚，砚上楼台亭阁、溪桥人家、瀑布流泉、山峰耸立，里面四处存在线。有的是实线，有的是虚线，有的是主

古泉图

简古

线，有的作次线。一方以人物为主的砚，人物的动态方向是线，人物的衣纹走向，个中长短、虚实、疏密仍然是线。方正严谨的砚的外形，我们可以把它视为四方相连的一线，天然成趣的砚料轮廓，依然可以看作一线。

线条做不好，如砚做不好。线条不好的砚，在歙砚，即便雕刻不错也算不上好砚。人工造型的线条，砚边需要刻画。天然成趣的外形，线，是否就不需要刻画了呢？其实，这样的线更需要刻画。天成的砚形，如何和人为的巧思、工艺交相互融，使其成为既在人，又在天，天成的有如人工所为，人为的宛如天公造就，这其中的佳妙尽在刻画。这样的刻画，多见于砚界高手的作品，所谓天人合一，尽在其中，说的就是这类作品。砚石中形成飘逸线条的眉子，这一线与砚雕家的人为施入、添加，仍然需要精心刻画。哪怕眉子上一刀未施，这仍是刻画。不管是天成的线，还是人为的线，刻画可谓随处可见。

以刻画看，线条的疏密、虚实、长短、强弱、主次、方圆、刚柔、张弛，等等，在歙砚里都有体现。歙砚的线条，求准确、见功力是基本要求。还有一类线条，它似有若无，像在其实不在，不在又藏于其中，不可捉摸又有如神出，这是歙砚砚艺中步入化境的用线，是实线虚刻、虚实相间的高端呈现。

2. 歙砚的工

歙砚，起步学艺的徒工，最先学刻的砚是素砚。素砚，砚上什么图案也不需要雕，但是，你开的砚池要见工。工在哪儿？工在砚池的深浅圆浑恰到好处，工在手感的舒适，工在上下左右的过渡自然，工在砚池平和过渡中的细微变化，工在感觉上的深邃空灵和事实上的恰如其分。你学做的砚边，如果是正方形或长方形砚的，四边的角要见工。一是外形的角，你得把四个角做得方中见圆，圆中寓方。不仅左右要对称，而且上下要一致。外形上的角做好了，这还只是第一步。在挖砚池、开砚堂的过程中，还会出现四个角。这是砚里的内四角，这四角同样要做到过渡自然，大小相应。你学做的砚的左右两边的边线，宽窄要一样，高低要一样，线的挺拔、刚柔、风格要一样。这其中，无一例外的要求就是要见工。工，在歙砚就是你的功夫。

工刻的工，在歙砚随处可见。走进经营歙砚的店家，随便看看摆在某个边边角角的一方砚，你会在不经意的一看一望中，感受到这样的工。

一刀下去的干净利落，描述的是歙砚的用刀。如何才是干净呢？若是线条，这线条歪歪斜斜，粗细不均，高低不平，显然就不是干净的线条。若是平刀起底，一刀下去应是平整、水平的，这样才叫干净。何以利落？利落不是犹豫不决，利落更非粗枝大叶坑洼毛糙，利落是胸有成竹的肯定。利落，下刀见的是刀工，体现的是扎实功力。

3. 歙砚的意写

歙砚雕刻，突出在意写。

意写是诗化的语言。意写不再着眼于物象，不刻意于形象的准确性。意写，写的是得意后的忘形。意写，不是对照物象的实在描写。实写，以象为准。意写，重在虚化物象原有的外形，取其精要，追其意，传其神。刻砚，刻像物体已非易事，有的制砚者，手握刻刀一辈子，仅仅就是奔跑到了像的门边，门里的世界怎样不知，门外的天地如何不晓，何来得意，如何忘形？

意写，基础是工刻。工刻，是实实在在的下刀，下刀有物，雕什么就得像什么。将清楚明白的东西，一刀刀雕刻出来是功夫，是实力，用刻刀表现若隐若现的感觉，刀依然具体下在砚里，少许的下刀，表达的却是另一番佳妙，体现的是更见层面的功力。

砚的工刻，重形象，讲准确。砚的意写却不然，它甚至可以置物象于度外。意写的砚就如一首诗，诗里语言简洁，诗外意味深长，意境悠远。

歙砚的意写，时而是砚面上几颗金星的生发，有时是砚石上的一条眉纹、一浪碧水的灵感触动。我，很喜爱歙砚的意写，一弯新月的隐隐约约，分明用刀刻过、做过，可你真去细看的时候，你又看不到什么，甚至什么也没有。它总是下刀不多，也不见什么具体物象，一根线的律动，几个点的聚合，表现在砚里，如初春细润的微雨，雾一样迷离悠悠然落下。也像晚风初拂，缓缓地沁入，让人无比惬意。

4. 歙砚的巧色与半留本色

歙石，以色彩看，有的是团团的一脉金晕，有的是漫洒的金星点点，有的是砚石上深浅不一的鱼子纹色。歙砚的不少作品，就是应着这些有限的色彩，巧其色而制。

巧，不是俏。巧需要巧思，需要砚作者的功力、素养作为支撑。有巧出的思路，得将想象形成具体的砚，还得有对不同题材用不同手法因材施艺进行创作的本领。砚石中的金星、金晕，色也就那么一点点，它伴生在砚石里，有的极其薄、浅，有些可以说薄如纸片，制作中稍有不慎，一瞬间，星、晕就会消失得了然无迹。

半留本色的色，与巧色的色有所不同。本色，指砚石上的皮色，亦指保留原有石性、形貌，留存砚石本来面目。半留本色的砚，主要指保留一部分毛石特性的砚。毛石，是开出后未经人为加工的料石，这样的料石，带有天然的皮色，留有天然的形态，有质朴毛糙的皮层，有凹凸不一的肌理，有先天带来的别有的石味、石性。毛石上的这些特点，没入砚前，给人的感觉粗糙、顽劣。全然没有龙尾砚孩儿脸般的滋润。精雕细刻，细心琢磨后的砚，是经人为的去粗取精，制作加工后产生的。这些效果在呈现华美的同时，也失却了原石的自然本真、质朴浑然。

半留本色的砚，既有人为的美好施入，又见天然石味留存，是天然美与人工美的合而为一。这样的砚，说说易，做起来却是非常不易。其一，它需要妙化。化天然为我，化自我的思想、刀工为天然，让自然成为刻刀下的所以然。第二，它需要融。有人说，做这类砚，重在顺其自然。此话固然不错，但如何顺、怎样顺才叫顺？半留本色的砚，创作中顺其自然固是不错，将自然与自我的施入相融。融会贯通，融为一体，是关键、至要。

　　歙砚中的这类砚，经砚雕家的巧手，或巧其形，或巧用凹凸不平的肌理，成为天趣、质朴、浑然的作品。这些作品，因为融入歙砚砚雕家的神奇想象与技艺理念，不仅留存了难得的天然本色、天成之美、天赋石味，也让歙砚在天工与人工的合一中别具一脉稀珍的美感。

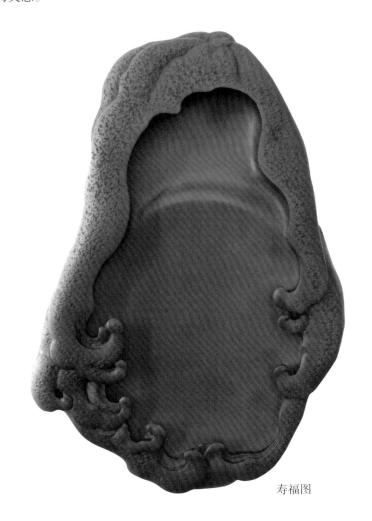

寿福图

五、秘域苴却

苴却石，石眼青如碧玉，红似金瞳，有紫石青花，影影绰绰；绿膘黄膘，叠叠映映；绿萝红萝，如梦如幻。

苴却砚，始于何时？

1. 出生

砚类，有的出生古老。

看那歙砚，在沉睡清幽的龙尾山中，早早地在唐开元年间被一逐兽猎人发现，于是从此石冠群山，名传天下，成为砚国一颗璀璨的明珠。

苴却砚，想也可以生得古老，比如出生于北魏。北魏，曾出一方名垂砚史的石砚。那砚砚形正方、立体造型，四足皆方形，砚的正面及四周雕有纹饰，是一方早期出现的石质名砚。又比如出生在晋代。晋代的砚制普遍带足，瓷砚居多，且出产大量青瓷砚。还比如出生在古南昭国。古南昭国，诞生于古滇，与唐朝相对应之时，苴却石产地，就出在南昭国的统辖区域内。唐代，是中国制砚史上的重要时期，是中国石质制砚的发端。伴随南昭国经济、文化的发展及笔墨纸砚的需求增加，"古苴却"一带村民就地取材，开采苴却石用以制砚，出生在那时，想想应也是顺理成章、理所当然。

2002年，中央电视台播出苴却砚专题片，说苴却砚宋代已有，宋代的泸石砚就是苴却砚。

宋代是中国制砚史上承先启后、继往开来的重要时代，是众多名砚都要感谢的时代。砚的形制式样在宋代得到确立，制砚工艺在宋代趋于成熟。堪称典范的抄手砚发端于宋代。米芾的《砚史》、高似孙的《砚笺》、唐积的《歙州砚谱》、曹继善的《歙砚说》、李之彦的《砚谱》、苏易简的《文房四谱》、叶樾的《端溪砚谱》、蔡襄的《砚记》等皆出现于这个时代。

苴却砚，宋代就有吗？

翻开宋人高似孙的《砚笺》，上有相关泸石砚的一段文字："山谷曰，泸川石砚黯黑受墨，视万崖中正砦白眉。"泸石砚，又见《砚林脞录》载：山谷铭"泸川石砚黯黑受墨"。湖南文艺出版社出版的《中国名砚纵横谈》一书，也谈到泸石砚，书中说"泸石砚产于泸州桂林，因石色乌黑发亮，所以又叫泸州乌石砚"。

泸石砚或泸州乌石砚，石色黯黑、乌黑。

苴却砚，紫黑、明丽。它们是一类砚吗？

苴却砚有眼有膘，近似端砚。如此有特色的砚，若是远古便已见出，那么，在宋元明清的古砚籍中多少得有涉及吧？可是，从古方志史料、古文献砚籍中，我们看不到相关文字记载；从已发掘出

古凝

土或收藏于国内各博物院、馆及私人手中的砚雕实物看，我们没见到清以前雕刻的苴却砚。

云南，有一古砚收藏者，家中藏有数百方古砚。一次，他在电话里对我说，他藏到一方明代苴却砚。这方砚，出自祖上当过大官的人家，古砚贵在有铭，他收藏的这方古苴却砚上就刻有砚铭。

苴却砚，明代出的，为了看个究竟，我去了云南。在云南，终于见到收藏人说的明代苴却砚，那一瞬，我哑然无语。他拿出的砚，不过是一方雕刻、做工、构图、题材和我们平常所见几无二致的旧苴却砚。稍有不同的是这方旧苴却砚的砚背，歪歪斜斜琢有"明代万历年间"的伪铭。

还是云南，还是关乎苴却砚出生。

云南地方志载，宣统元年（1909年），苴却砚参加了巴拿马万国博览会。但是在1909年，国际上没有这样一个博览会。有的只是1915年巴拿马——太平洋万国博览赛会，这是美国政府为庆祝巴拿马运河通航举办的一次国际性展赛活动。中国政府收到美国发出的博览会邀请函，时间是在1912年。据相关文献，中国参加这次博览会，得到时任民国政府临时大总统袁世凯的亲自批示。云南地方志记载的1909年苴却砚参加巴拿马万国博览会一事，若属事实，应当就是这次博览会，其准确年份是1915年。

苴却砚，以已发现的留存下来的老旧苴却砚看，比较确定的出生年代应是在清代，且是清代的末期。

2. 老苴却砚及其雕刻

老苴却砚，散见于云南永仁、大姚一带。与之毗邻的攀枝花市、西昌市，偶尔也见出现。这批砚在形态样式、雕刻做工、题材面貌上和中国其他地方出产的砚多有不同，是自成一脉的一批老砚。

（1）老苴却砚的雕刻手法

老苴却砚，雕刻以粗浅的平刻居多。平刻，是用刻刀平浅凸凹

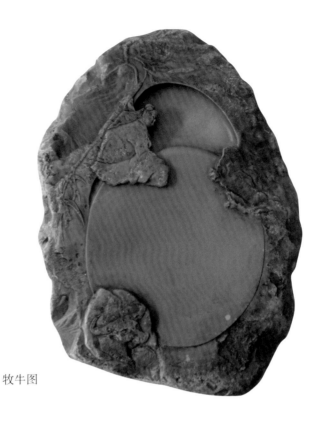

牧牛图

表现图饰的一种雕刻形式。老苴却砚的平刻，多于裁切、磨削好的
砚石上进行。常见的手法，一是在砚额处减地，平浅凸起图案，之
后浅刻图案。一是留出图形，将图形置于砚池中，平整凹下切削出
图形，然后在图形上施以雕刻。除去这两类以外，还有在整个砚面
布列图形，之后凹切出图形，然后将图形进行小范围的凹凸区分，
最后平浅刻出图案。比如，老苴却砚中的类荷叶形双龙砚。

　　老苴却砚的平刻，用刀主要是平刀，有的雕刻，直接采用平刀
刀角进行，有的配合斜口刀。这些雕刻，具有砚雕的大效果，比较
缺乏的是细节处理。总体看，用刀主要是单刀，雕刻平浅、单调，
有的砚可以看出直切与直刻，用刀不见圆融与韵味，缺少细腻的表
现、过渡。

月是故乡明

　　中国砚雕行到清代，从主流名砚看，做工已趋向细腻、精美。比如端砚的龙，龙头、龙角已见细微的深浅凹凸与雕刻表达。龙的眉眼，眉毛绵细而修长，眼睛的用刀，已见精深的凹入，以立体出眼形，凹凸出龙眼。龙的须纹，不仅有见层次的粗细不同的细致变化，而且在须纹上已见韵味。这一时期的歙砚，有一方砚，仅有成人的巴掌大小。砚上刻的什么呢？刻了两只鹭鸶。一只在天上飞，一只站在水里。鹭鸶，雕刻用刀的精细程度我就不说了，说水纹吧，那砚上刻有十多条水纹，波浪形的水纹，每一条刻得细如毫发，丝丝不乱，粗细一样。

　　（2）老苴却砚的池、堂、边

　　做砚，池、堂、边做得怎样，基本能反映一个砚种的大体风貌。以砚边为例：宽、粗的砚边比照秀细的砚边，又宽又粗的砚边相对简单，好做，易做。一是因为边宽，刻、打的时候不易出现崩边。二是宽、粗的砚边，即便出现缺边，要进行补救，相对也容易。

　　从砚池看，开砚池，第一步是要深挖，第二步是要挖圆，第三步是要见深浅的微妙过渡，第四步是要见总体呈现的长、宽、深度的恰好。

开砚堂，当然先要求平。在平的基础上，看一方砚的砚堂，看深浅是否适度，面积是否恰当。

老苴却砚，砚边多做得宽、平、直。砚边和砚堂间有很多九十度直角。这样做的原因，有可能是没办法做成圆融，也有可能是因为工具落后，还有可能只知道这一手法。

老苴却砚的砚池，总体也以平直为多。平，指池底多开成平平的模样。直，指砚池的四周多呈现直角。

（3）老苴却砚的题材

老苴却砚的题材有龙，但是，雕的多是平浅的图案化的龙，与龙同时雕出的云纹，多不出现朵云。老苴却砚雕有花卉、翎毛，是平面凹下的切料浅刻。龟、鱼，有的因为切削深入，初具立体感。竹石、松鼠、葡萄，以及少量人物，雕刻手段仍是平刻。

有些入砚题材，如老鼠、松鼠、葡萄等，刻得鲜活生动，有较

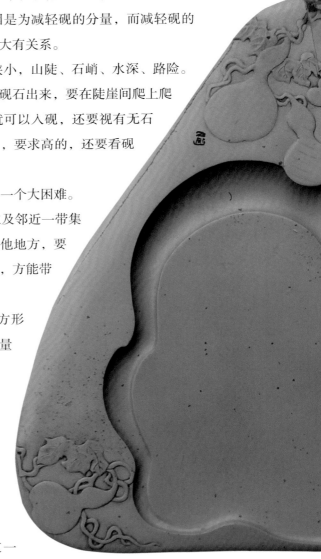

鲜明的地域特性。像喜从天降、寿山福海、景星庆云、太平有象、福自天来、百事如意等端、歙砚中出现的题材，在老苴却砚中则很少看见。传统名砚中常见的回纹、云雷纹、缠枝纹、凤纹、夔纹等，老苴却砚鲜见涉及。

（4）老苴却砚的大小、样式

老苴却砚，大小多在20～25厘米。和他砚相比，老苴却砚整体做得薄。做得薄，最有可能的原因是为减轻砚的分量，而减轻砚的分量，又和苴却砚取石难，搬运难大有关系。

苴却石，出砚石的地方山路狭小，山陡、石峭、水深、路险。在这样的地方，一次要想多背几块砚石出来，要在陡崖间爬上爬下。况且，砚石不是随便捡一块就可以入砚，还要视有无石病、暗伤、裂缝、起层等情形而定，要求高的，还要看砚石的色彩如何，石品、花纹怎样。

将做好的砚搬运出去，这是另一个大困难。

旧时，苴却砚主要在云南永仁及邻近一带集散。将砚或砚石带到云南永仁或其他地方，要一路跋山涉水，翻越很多羊肠小道，方能带得出去。

老苴却砚，做得最多的是长方形样、正方形样和正圆形样，间有少量的天然形样。老苴却砚雕刻的龙，砚的外形是类荷叶形，有凹凸，有起伏，是对称的接近圆形的形态。因为砚形别致，雕的是龙，且多是一左一右的对称式双龙，可能较受当地人喜爱，所以这一类砚总体出现较多。

或是地理位置偏僻，或是这一

清风福来

带没来过有经验的制砚工匠，或是做砚工具太过落后，这一带做出的砚，整体样式单一。传统名砚中的抄手砚、蝉形砚、玉堂砚、圭样砚、瓜样砚、葫芦砚、八角辟雍砚、蝌蚪砚、莲叶砚、宝饼砚、风字砚、古钱砚等，在存世的老苴却砚中难得一见。

总体看，老苴却砚的砚形、砚样趋于粗放。老苴却砚的雕刻，看不到传承的脉络与厚度，应属于原生、封闭的地域性雕刻。它的初创时间应比较晚，持续的年份应不太长。

3. 新苴却砚的缘起

新苴却砚的缘起，有三个关键人物。

（1）高联新，目前已知的攀枝花市唯一一位雕过老式苴却砚的民间艺人。

1983年，攀枝花市政府、民间都在寻找的苴却砚终于有了消息。这一年新春，供职于市文化馆的瞿迎祥、肖泽金，在大龙潭乡遇见了高联新。

高联新（已故），攀枝花市仁和区大龙潭乡人，是目前已知的攀枝花市唯一一位雕过老式苴却砚的民间艺人。据1983年春遇见砚雕老艺人高联新的瞿迎祥、肖泽金回忆，他们在高联新的家中，见过高联新雕刻的老式的苴却砚，更重要的是通过高联新的介绍，知道了攀枝花市苴却砚的砚石所在地。

（2）俞文香，第一方新苴却砚的制作者。

通过瞿迎祥、肖泽金等人的介绍，俞文香得知苴却砚石的确切产地，用车拉出第一车砚石。1985年3月，俞文香在市内雕出第一方新苴却砚。这方诞生于攀枝花市经济文化中心的新苴却砚，问世不久，引起了市委、市政府领导的高度重视。苴却砚开发的新序幕由此拉开。

（3）杨天龙，攀枝花市第一家专业砚厂——攀枝花市苴却砚厂的创办人。

1989年，杨天龙带上自筹资金开发的一批新砚，在中国美术馆举办了中国苴却砚专展。办展后的杨天龙先生知道苴却砚最急需的是提高砚雕技艺，为了改变苴却砚技术滞后的局面，在市委、市政府的支持下，杨天龙开始从各地引进制砚人才。

4. 新苴却砚制作

来自四川合川的制砚师，带来了合川的砚雕手法。

合川来的制砚师是父子俩。他们在攀枝花刻出了《猴子捞月》砚。那砚，雕有满满的枝叶，猴子刻得很壮实。整方砚看起来实在、饱满。

从广东过来好几个端砚刻砚人。他们带来专业的制砚工具，带来端砚的制砚理念。他们刻的苴却砚的题材有松鹤、梅花、竹子、鱼蟹，等等。从手法看，主要是切入式的深雕，砚雕得较细腻。砚面上，刻的东西多而丰富，砚池、砚堂开得空阔。

胡震龙老先生，亲自动手刻过苴却砚。方见尘，先后三次来到苴却砚厂。他带来的题材主要是人物，其中达摩、仕女最多。

1991年，时在江西婺源龙尾砚厂担任设计室主任的我，应邀考察苴却砚，并于同年调入攀枝花工作。

在苴却砚厂，我先后刻过荷叶、青蛙、"蕉牛"、人物、瓜果、田螺、竹节、松鹤、山水、青铜器等题材。其中有两砚，印象最深。一是《竹节》砚。我刻的这砚，砚料自然成形，整方砚，看起来就像自然干裂的一段竹节。正面，我用大小不同的刻刀，刻画很多细密的、深浅不一的纹痕，然后，开砚池、砚堂和砚边。砚背，我再次施刀，继续以写实手法进行了很多深入细里的刻画。

另一砚，是《五牛》砚。五头牛，一是布列要恰好，是五头牛合聚一起形成画面，还是自然聚散，有聚有散？二是要随材，砚材是怎样的形态，有什么石品，整体色调怎样，我要通盘考虑。三是牛的具体刻画。牛的刻画，要讲结构、讲造型，用刀要深入，见微。

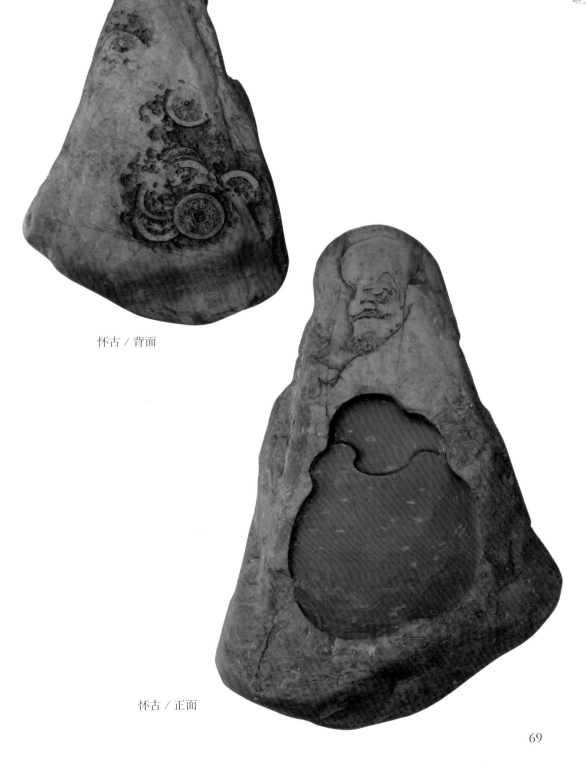

怀古／背面

怀古／正面

　　两方砚，共同的特点是写实。写实，曾经是我当年刻砚的一个主攻方向。这之后，1993年刻的《双蛙》，1994年至1995年刻的《百眼百猴巨砚》，1995年刻的《青铜》，1997年刻的《皇宋元宝》，1998年刻的《残镜》《叶落归根》，2001年刻的《凝》，2002年刻的《幽》《江南螺》，2003年至2005年刻的《石头遗记》《金地核桃花生图》，等等，都是这一方向的延续。

5. 新苴却砚雕

　　相比老苴却砚，新苴却砚予人的第一感觉是大。

　　老苴却砚，砚的式样多是方正式、圆月式，或是严谨的对称式。新苴却砚，一个大的变化是由严谨转向自由、随形。

新苴却砚，每方砚都经由设计，之所以这样，和苴却石的色彩、石品关联紧密。苴却砚的砚石，一是色彩丰富，此砚石与彼砚石之间，色的差别可能是黄与绿、绿与黑、黑与紫，紫与红的大跨度的反差。二是石品多样，石品处于砚石的方位多有变化。比如黄绿膘，有的膘色长在砚石右上，有的大面积的膘色分布于砚石左下。还比如，苴却石的石眼，有的一块砚石只有一个细小的石眼，另一块同样大小的砚石，上面的石眼可能有五六个，甚至十多个。

以惯例看，一个砚式、图样，重复制作，出一批相同的砚很正常。苴却砚，因为品色太丰富，同一形态的砚，砚砚有不同。

新苴却砚，入砚的题材众多。人物砚，多见的有抚琴图，读书图，竹林七贤图，饮中八仙图，高山流水图，山鬼图，怀素书蕉图，等等。山水砚，常出现的有亭台楼阁，溪桥野渡，山涧飞瀑，板桥人迹，山居人家，溪山云雾，等等。

花鸟鱼虫、荷叶，多配刻翠鸟、青蛙。芭蕉，总量不多，一般与人物组合。竹节砚，新苴却中出现较多，大的竹节砚，近一米的都有。竹节的造型，多立体造出半边残竹，见裂，见虫蛀。竹节正面，常加刻竹叶、细枝，边上配刻蜘蛛、蜥蜴。

新苴却砚的雕刻，兼有浅浮雕、镂空雕、深浮雕、巧色、俏色、圆雕、薄意等多种手法。

新苴却砚雕，最具代表性的手法有两类：一类是实雕。实雕重俏色，重色彩的鲜亮，重雕刻物的具体实在的雕。实雕不同于深浮雕，也别于浅浮雕。实雕兼具深浮雕、浅浮雕的一些特点，是比较写实的、偏重具象的、注重刻画具体物象的一类雕法。一类是歙雕。苴却砚的歙雕，延续的是歙砚浅浮雕手法。歙雕，砚池、砚堂布列圆熟，施线流畅，雕刻虚实相间，普遍讲用色，爱巧色。

歙雕山水，俏色，巧雕，楼阁隐约，云遮雾绕，点到为止。

实雕山水，深刻，实雕，举凡山石、丛林、渔舟、屋宇，均施以实在雕刻。

六、云霞湮灭，稀珍澄泥

澄泥砚，四大名砚中唯一不是石质的名砚。

制砚，除石质外，古人还选用这样或那样的非石质材料，比如瓷质、竹质、木质、牛角、象牙，等等。我上学时，就用过一方木质砚。此砚形长方、薄，砚池开六角形，研墨处是方形砚堂。能研墨，最得意的方面在经摔，掉到地上摔不烂。

澄泥砚，前身是陶泥砚，它是由泥经高温烧结成型的一类砚。

澄泥砚制，唐代已名闻遐迩。

澄泥砚，历宋而至明、清，其神奇的配方、古法，却不知在何年何月戛然止步，从此云霞湮灭，了无痕迹。今人制澄泥，有河南制、山西制，还有山东制，制出的都是澄泥砚，但是制作之法各有隐秘，各具不同。

澄泥砚是如何制成的？那微细的脂泥，由何而来？经由多少岁月沉淀，才能既细又腻，能够和泥成砚。古法制澄泥，要入黄丹，加墨蜡。何为黄丹，何是墨蜡？如何加，加入多少才是最好？和泥，得加水，这水要多清澈，才能与这泥浑然和濡？它们的配比怎样？

再说烧制，放在哪里烧？用的是块状的木柴，还是乌黑的煤冶？一次，可以搁入多少砚，烧多长时间，火候、温度怎样才是恰好？还有那神鬼莫测的窑变，怎样烧，才出现万千变化的鳝鱼的黄、蟹壳的青、玫瑰的紫、虾头的红？一切的一切，无从猜测，难以揣度。

澄泥砚，脱胎于古陶砚。远在两汉，澄泥砚便可以依从一个模

澄泥砚／陶痕

式，批量化地复制出产。入黄丹，加墨蜡，团和如面，做模如造茶者，和之捣之，以物击之，令其坚密……古远的先人一步步将脂泥和而成形，通过雕刻、烧制、秘蒸，幻变为文房中的宝爱，让它从此身置翰墨书窗。不可以想象，老子、庄子、孔子、朱子，还有孙子的兵法，李、杜的诗章，有多少的文思才情，妙得迁想，通过这小小的砚池，成为传扬千古的经典名篇，神思妙造。

泥砚之妙，妙在成砚之前，这时的泥，可以有不尽的变化。泥砚之珍，尤体现在烧炼之后，满满一窑的单色的砚，经过夜以继日的陶冶、燎炼，有的分崩扭曲，有的四分五裂，而经此一炼，能幸存下来，成为披丹霞，具奇彩，刀铁不入的澄泥砚，不过百分之一二而已。

稀珍澄泥，稀世美砚。

做澄泥砚，不同于做石砚。石质砚，是在有形有体的石上雕刻。泥砚，成砚之前是泥。澄泥砚，是古人化无形为有形的伟大物造。

做澄泥砚，在很多方面异于做石质砚。手制泥砚的过程，是从无到有的创作过程，是自始至终都在创作、要讲创作的过程。

做石砚，料石的形体是确定的，是不变的。做石砚的人，怎么做，都得根据砚料形态乃至相生其中的品色因材施艺。澄泥砚不，做澄泥砚，你面对的只是一团浑淤的泥，它是有形的，也是无形的。你可以团泥塑形，亦可以一瞬间将你塑出的形归零。做澄泥砚，砚的形态、大小、厚薄，一切得你去创意、成就，任由你造就。

做石砚，我们总是在减着做。做泥砚，却可以让我们减中能加，不断叠加，亦可以不断递减，一减再减。做石砚，料石的形态是确定的；做泥砚，你却可以任由大小，随泥化变。做石砚，你只能硬做，在确定的砚石上做；做泥砚，却可以柔"和"。做石砚，在实中如何生虚，有中如何生无；做泥砚，妙在虚中能够寓实，无中能够生有。

做泥砚，任由拿捏的过程可谓快活，但最终是一慢"活"。

一方泥砚，从和泥开始，到造型，粗刻，雕、剔、刮、削，其耗费的时间少则月余，多则数月。其间，还得讲究天地造化，风速怎样，气候如何，雨天阴天，随时能影响泥砚的制作，可以让晾放、烧制过程中的泥砚有很多始料未及的变化。

做泥砚，即便具有刻石砚的扎实功力，也不等于你就能做好泥砚，哪怕，你由做石砚的必然王国行到了自由王国。

如果说，做石砚的功夫是少林功夫，那么，做泥砚的功夫更像是融通的太极。又如果，石砚是男人，充郁的是阳刚之气，那么，泥砚如女性，流溢的则是和柔之美。

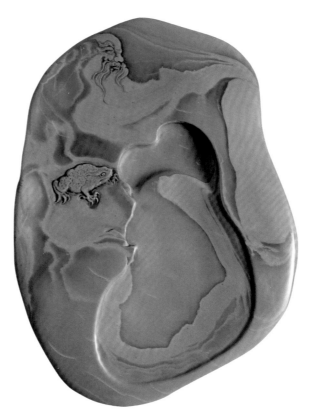

神行图／2014年／俞飞鹏制

此砚依绿萝稀品的漫染，随石生发刻就。构想，得意在石；成砚，得意在若不经意。

七、松花石砚

（一）

松花砚起始于清。

和澄泥砚一样，松花砚曾经盛极一时。不同的是，澄泥砚享誉于唐，松花砚兴旺于清。在端、歙、洮、澄四大名砚风头正劲的宋王朝，世间还没有松花砚，用来制作松花砚的名贵砚料——松花石，其时还在白山黑水的北国沉睡。

清圣祖康熙皇帝撰文《松花石砚制砚说》："盛京之东，砥石山麓，有石磊磊，质坚而温，色绿而莹，纹理粲然。"康熙认为：松花石"远胜绿端，即旧坑诸名产弗能出其右"。

清代，松花石砚成为"御批""朱批"专用砚，并作为清帝赏赐高功重臣的荣恩之物。而"龙脉兴起之地"——松花石产地，由朝廷指定专人守护，一枝一叶不得妄动。开采出来的松花砚材，由专司衙门督运北京清宫造办处，以供皇家把玩赏用。

出自清宫造办处的松花砚，得很多人的宝爱。从形态看，这些砚取样严谨、规范、考究、端方。雕刻丰繁、精巧、奢华、富丽，多处融入琢玉工艺。和源起于民间的端、歙砚雕不同，带有明显的宫作特色。

让人留驻目光的还有这批砚在文饰、装帧、手法上的不同于他砚。比如，砚盒形制布列的独具匠心、别开生面。还比如雕刻，其他名砚的雕刻随砚石的高低错落、层叠镂空而变化。松花砚的雕刻，或镂空或透雕，多在平整的砚面表层、砚盒侧面进行。再比如镶嵌，其他名砚镶嵌极其罕见，松花砚不仅镶嵌多见，而且已见极高水准。

（二）

吉林白山，松花砚的主产地。在那，朋友专门带我去山里看松花石。那些或黄或绿的砚石，零零散散，错落在山坡、野地、陡崖、路畔。一路，可见三五户做砚的人家，院子里，高高低低堆着松花石。

相比端石、歙石，松花石的质性要硬实很多。这样硬的砚石，真不知当时做砚的清人，在没有电动工具，没有硬质合金刻刀的前提下，如何把松花砚做得那样精细、精彩，登峰造极。

时下做松花砚，已见很多人在用电动工具。或是工具的原因，现在，他们做的砚，普遍不同于古人的小巧一路，现在的松花砚，一是大砚多，二是立体、厚实的多。

有刻砚人问我，做砚，可以用电动工具吗？我说，当然可以，用这样或那样的工具做砚，都没什么不可以，关键，在你怎么做，能做得怎样。

古松花砚，是早已消逝的古人所做。古人去粗取精，去表就里，造了许多别样的梦幻。面对老祖宗留下的这批砚，时下的松花砚人，该如何再创神奇，做出令人刮目的松花砚，谱写耳目一新的迤逦乐章呢？

我看到很多新做的松花砚，包括依样画葫芦般仿古砚。新做的砚，可以肯定的地方在敢想、敢做。题材海阔天空，雕刻随心所欲。造砚，举凡想得出的多能造得出。有一砚，刻的是《西游记》的情节，刻的是师徒四人，行进在取经的路上，唐僧骑在马上，沙僧挑着担子，八戒扛着钉耙，悟空腾云驾雾。砚做得不小，时间也花了不少，雕刻也下了功夫，可是，我没法从依砚、随材的角度谈点什么，因为，这样的做，只是在松花石上做了个画面而已。还有一砚，印象颇深。作者在砚上刻了俩小动物，雕刻得非常精细。我想，砚刻到这般细腻程度，端、歙也不过如此。可是，这砚的细，仅仅只是细在小动物身上，砚池草率，砚边草率，砚堂一样的只是草率。

照搬照抄，依样画葫芦做仿古砚，从学砚的初级阶段说，不失为一条路，但是，若只是一味地仿，仿出来只是为了卖出去，这样做砚，路只会越走越窄。

砚是砚，什么是刻砚呢？很简单，不管你在砚石上雕了什么，你最终雕的必须是砚。你的马雕得好，只能说明你马雕得好，你的龙雕得像，证明的只是你雕龙的本领。刻砚，砚刻得好不好、水平高不高，不在马如何，不在龙怎样，而在你的砚最终能怎样。

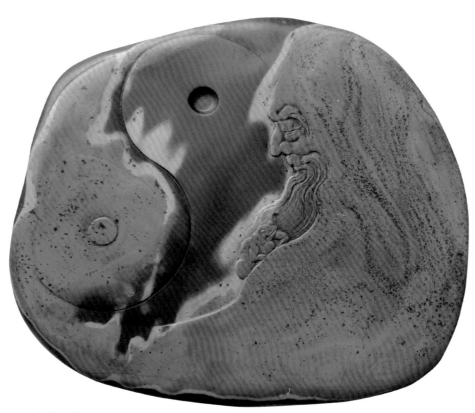

太极／背面

（三）

松花砚要发展，首先，得有一批会做砚的人。人可以引进，但是人随时又可能流出。引进人容易，留住人却难。

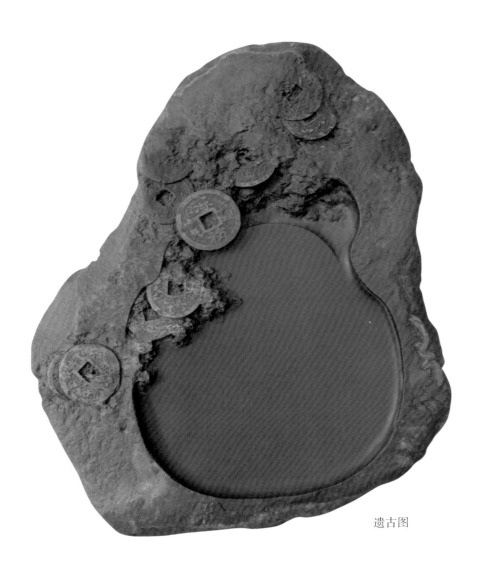

遗古图

做好松花砚，第一，当然在研究砚理。砚是砚。研究砚理，为的是继承、掌握砚的构成原理。松花砚要做大做强，技艺是根本，技艺上不去，任你怎么说，人家只把其当二流砚种看。第二，要研修做砚的手法。做砚的手法，有的代有流传，有的师徒相授。研修做砚的手法，精通一门或了解多样手法，都有利于松花砚的光大弘扬。第三，要了解松花石本身。做松花砚，了解松花石十分必要。松花石适合什么样的雕刻手法，什么样的雕刻手法更易于展示松花石的美，这需要我们做深入的细察，需要大量的制砚实践。松花石不是端石、歙石，发展松花砚，不能靠照搬清代松花砚，照抄其他名砚来发展。优秀的砚种，都有自己的核心技术，松花砚也一样。第四，要转变观念。松花砚的技艺发展慢，固然和没有传承，缺乏正确指导有关。但也和一直以来人们习惯于看石不看艺有关。砚是人做出来的，砚的好与不好，在砚雕艺术怎样。石好是石的好。石好，不等于砚就好。将好石视作好砚，客观上等于宣告技艺无足轻重。第五，要抓好人的培养。从更高层面上说，作品好不好，不独在砚石，亦不独在雕刻，而在蕴于其中的思想。所以，要将松花砚做到一定的高度，重视从业人员的文化素质教育，抓好人的培养，重要且十分必要。

砚是砚，文心素朴，风雅淡定。砚可以大巧不雕，却决拒繁复俗套。砚，任你怎么做，只要是做砚，你雕的龙，描的凤，刻的山，镂的水，都不能和砚无关联，因为，你一刀刀下的，为的，想的，刻的是砚。

是砚，总有砚边、砚池、砚堂搁在那。那里边，不乏规范、尺度、约束，蕴含器理、道理、原理。做砚，是不能得过且过貌似就以为是的。貌似的砚，毕竟是貌似。是砚的砚，终究是砚。如何登砚堂、入砚室，取得砚制真谛，做出一流的松花名砚？这是松花石，不仅在石，而且在砚的关键，是松花砚发展的至要、所在、根本，是值得当下松花砚人深思、考量的重要课题。

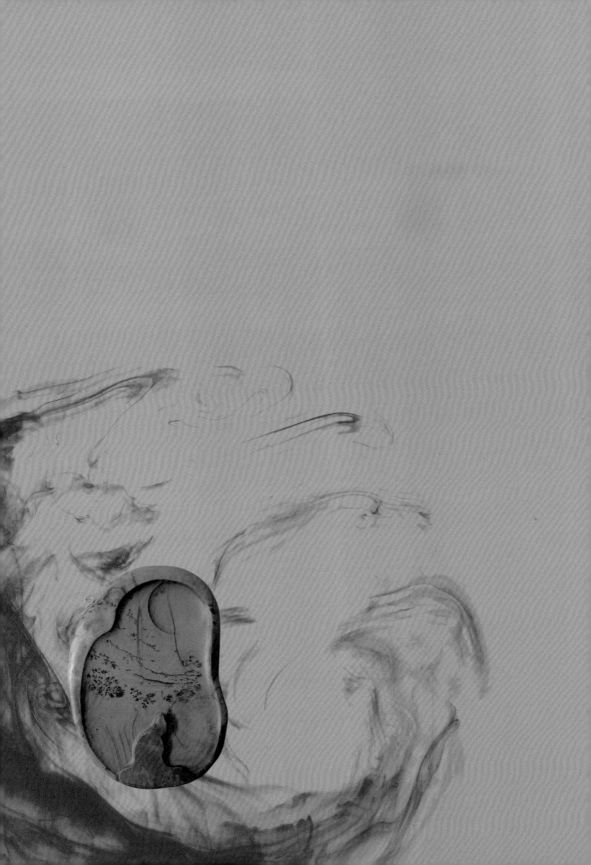

相石，设计

由相石到做砚，形如一河之两岸，要由河的这边渡到对岸，设计就是那渡河的船。

好的设计，经由了你的匠心，蹊径，砚上却能自在自然不着一丝设计纹痕。那砚，像是砚石所孕；那石该就是那砚；那砚，理应就出自那石。

面砚石设计，设出何样的计，意味着那砚将向何样流变。那计由心田生发，如兵家之谋略，而制砚，恰如依计谋行事。这一计设得如何，关乎一砚的文野高下，优劣档次。所以设计，要看你胸中藏有何样锦绣，看你设的计如何能"计"高一筹。

为了设好这一计，我时常要相那砚石，将它翻来覆去细读慢品。有时，目光停留在砚石中细微的一点；有时汇聚在那一抹淡绿；有时，面砚石看来看去，会看不下去，想放下它，丢开它；有时，突来的感觉让我欣喜若狂；有时，看着那灵光一点闪闪而来，忽又飞走；有时花明柳暗灵机一动，计忽忽然隐隐浮出。时而，那计会忽然飞来折腾你、考量你、为难你；有时，任你冥思苦想，那计总是深藏不露，不见踪影。

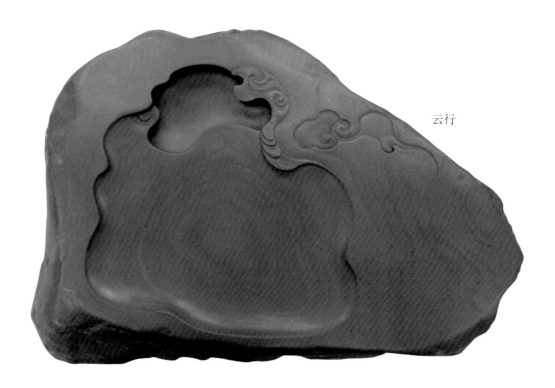

云行

一、选石，我信刹那间的感觉

石，并非都可以入砚。

有人历尽艰辛，抱来一块大砚料，稍一敲打，那石便崩裂得不成样子。有人，淘到一块小砚石，横竖看着都可爱，让你上手之后便不想放下。

都是石，都出自一个砚坑，可石与石之间，有大与小的不同、厚与薄的差异，即便一块料石，厚薄、质性亦会不同。

选石，怎么选？看到一地砚石，让你挑两块、怎么挑，如何选？

这问题，在攀枝花，我问过几个爱砚人。他们之中，有的藏砚，有的手头就有砚石。张先生说，要他选，肯定选有石眼的，在有石眼的前提下，首选有大石眼的砚石，其次选石眼多的砚石。王先生认为，两块砚石，要他挑，他会专挑大块、厚实的砚石。李先生说，他挑选砚石，倒不一定要选多的，他喜欢黄膘，要他挑，他会专找有黄膘的砚石。

这样挑选砚石，对吗？都不错，都具一定的道理。

挑选砚石，以制砚角度说，我们得选适合做砚的砚石，这是选石的大前提。那么，适合做砚的砚石，都有哪些基本要求呢？

第一，形态要适合。以苴却石为例。苴却石，大致分为两类。一类是山坑石。山坑石个大、石新，边角凹凸明显，刀边斜口突兀。砚石上的黄膘、绿膘、石眼等一眼看去清晰明了，性状分明。一类为水冲石。苴却砚的水冲石源于山坑。水冲石，砚石是在哪年哪代如何由山坑进入金沙江，历经几多江水浸润、冲刷、侵蚀、磨合，才形成这等面目？时至今日仍是不解之谜。水冲石的特点：砚石边缘如天成之团卵，肌理浑朴，凹凸得趣。石色沉着，质地坚劲且细润。无论山坑石还是水冲石，首先，我们要挑选形态适合的砚石。比如外形端方平直、团样、厚薄均匀、大小适中，等等，这些都属于形态适合的砚石。

第二，得注重砚石的品、色。比如石眼，看砚石上的石眼，除注意眼的大小、多少之外，可以再看一下是不是活眼，眼是否纯净，顺便注意一下石眼生长的位置。再比如黄膘，膘色有金地鱼子、堪称极品的金田黄，还有紫铜黄、土黄，等等。总体上说，挑选砚石，挑选有品有色的砚石，肯定好于缺少石品、稀见石色的砚石。

第三，得注意砚石有无毛病。经过漫长的地壳运动和经年累月的风化、水浸、日晒雨淋，砚石的构成已然繁杂，加上手工采石的开挖敲打，运输搬移的抛堆叠压、晃荡震动，砚石难免产生新的断裂或催发内伤等。那么，如何了解、查看砚石有无石病呢？

方法一，过水。

所谓过水，就是给毛石泼上清水，淋湿。经过清水浸润的砚石，一些不易发现的暗筋、石病、硬块多能显示出来。过水砚料呈半干状态，若毛石上有清晰的线缝水迹，其砚料多属病石一类。

方法二，击打砚石。

击打，是通过听、辨石声，以鉴别砚料内部是否有暗伤、断裂层。击打，可以用指头弹击，也可以铁锤击打。方法是一手以拇指、食指配合提石，一手拨弹砚石，或直接举锤轻击砚料各部位，音调清越无沙哑者为优品，反之，多是有石病的砚石。

有好的石形，欠缺好的石品，令人觉得惋惜。石形、石品皆好，石质出了问题，令人感到的是痛惜。石形、石品、石质，是优质砚料不可或缺的三方面。选石，大抵综合审视这三方面。

到出砚石的地方，我如何选石呢？

面对很多的砚石，我依凭的不是选，而是眼缘。我信面砚石的刹那感觉，那一下，看到的不一定是稀绝石品、新奇石色，砚石有无石病裂痕，但是，我信那一下。那一下的感觉，多半不错。

二、画砚形，较的是什么

砚石选好后，接下来要做的是在选好的砚石上画出砚形。

砚形，是用来制砚的坯形。

画砚形，画的不过一线。这一线，的确不需要如画家、书法家的那般讲究线条意象，只要画得清楚明白就行；这一线，可以用毛笔画，也可用蜡笔画。可是，这一线十二分不好画，画在砚石上的这一线，越是懂砚的人越不会草率画出这一笔。

不草率下笔，是因为心中有砚。因为心中有太多的古砚、今砚不时浮出，所以，下这一笔，如何草率得了。

玉蕴

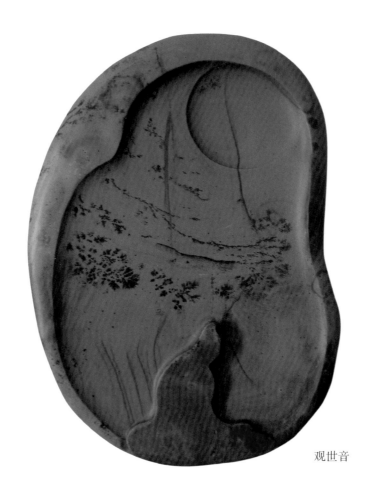

观世音

　　另一缘由，还在于惜石。一块砚料，在画出砚形前，从道理上说，你想怎么画都可以。比如画成长方形，这样的砚形，只要砚料的长、宽、厚度达到要求，合乎标准，画起来很容易。还比如，画成椭圆形。方砚形，四个边角，一个不能缺，一点不可少。椭圆形，好就好在画起来不必考虑那四角。可是，砚形不应就是方的形态、圆的样式。惜石的砚家，断不会轻易地做出决定，随便就画出砚形，从而马虎决定砚石的命运。

　　由我的心推及彼心，我以为，不好画的这砚形，还和懂石关联。越是知石懂石，越明白不同的砚石，各有各的特异个性、珍稀精彩。有的砚石充溢阳刚之气，有的富有阴柔之美，有的天性自然，有的尽在浑朴。有的如文士清寒，但不失风骨。有的如飞天，曼妙中见韵致。有的本就适合做山水，有的天生就是雕龙的料。越是懂石的砚家，越不会忽视砚石上的一点一线，越会尊重砚石呈现的别样风貌以及与生俱来的气质、形态。

入手画砚形，要点在三方面。

一要结合料石。原生的料石，有大有小，大小变化多、落差大。结合料石造型，主要围绕料石进行。结合料石的大小造型，在大料大用，小料小用，料尽其材，料尽其用，个中关键在巧妙结合。

二是融合毛石。有多少毛石，就有多少毛石形态。毛石的形态千奇百怪，千差万别。有的毛石，石形具有一种天然的质朴美。有的毛石面部起伏转折，底边伴生斜出的尖角。有的自然边皮或深红，或墨绿，或土黄，或锈色。有的得天地造化，有与生俱来的肌理，如虫咬蚁蛀，有聚有散。有的一侧如刀切斧劈，另一侧则残缺散乱。融合毛石造型，比如修圭角，去残缺，平凹凸，倒斜口等，应在把握大形气势、融合毛石形态的前提下进行。这样的造型，一要注重形的融合，二要讲究气韵融合。

三要配合石品造型。配合石品造型，是以石品生成的位置、依石品方位不同变化形成的一种造型方式。配合石品造型，砚形多为不确定形或随机生发形成的形。砚石石眼方位不同，形依石眼勾画造就，砚石膘色层理不同，深浅不一，视其不同勾画造型。

画砚形，这样画或那样画，画的是什么呢？画的是一个人的所思所想，所好所不好，较的是一个人的心中取舍。

取，是的，面对一块砚石，是可以当取则取，想怎么取就怎么取。画砚形的难，究竟难在哪呢，难在要知砚石？难在要懂制砚？难在随石生发？时出新意？是的，画砚形，这些都是应具条件。而其中尤难的，是知舍。

三、面砚石而相

面砚石而相，有如直面一本百怪千奇的书。书中自有那砚，隐隐约约如在，细看却飘忽无定，了了然浑无踪迹。书中，或有山涧，沟壑，亭台，流水，松梧，梅竹，云霓，人家。有的如唐诗，有的似宋画，有的素朴文心，形貌高古，尘封久远。有的异彩纷呈，模样华美，鲜亮夺目，光彩照人。有的充溢哲人的智慧，或博大精深，或难测高深。有的初看平淡如水，再读却如若普洱一壶，充溢曼妙的滋味、流连无边的韵味。

面砚石而相，翻开书容易，如何读却在自身。目光短浅的，面砚石翻来覆去，看到的或是浅滩与沙砾；怀抱高远的，或会渐入佳境，一步步有如行走在通达云天的阶梯。因为学养、知识、个性、阅历、结构、审美、理念的不同，对砚石的解读各有不同，各具特色，甚至于各持己见，各取所需，各行其是。

面砚石而相，有人对形天生敏感，有人对色印象突出，有的触感发达，在接触砚石的刹那，那石的好或不好心中已分高下。有的很注重砚石的石品，有的很在意砚石的线条。

我相砚石，对自然成趣的凹凸肌理、断面纹痕情有独钟。当然，这样的欢喜也非一成不变。有一段时间，我对天然的石品石色比较关注。相石过程中，我习惯由点到面，翻过来覆过去，上下左右细品慢看。砚石的形，多是最初予人的印象，我留心这印象，时而也会乐此不疲，泥于其中。对于平实的不易引人注目的面、体，有时，我一样相看较多，留驻时间较长。

由相石到做砚，形如一河之两岸，要由河的这边渡到对岸，设计就是那渡河的船。

面砚石而相，大多时候，并非一相就来感觉。有时，一天乃至数天相不出所以，感觉不到什么，形成不了构想。有时，山穷水复之后，忽然于某一天的某个傍晚，于砚石的某个角落或一块石色或一细小石眼，忽地有了朦胧构成，这样的新奇、怪妙，无法言说，一言难尽。

砚石或天工造化、突兀雄奇，或浑成质朴、自然顽缺（注：方言），或金线银线、青花石眼，或金星金晕、黄膘绿膘，或缺边，或少角，或粗劣，或断面，边相边看，想着如何设计。

面砚石而相，山峦沟壑间，常常，我做着寻觅，看砚的精魂游动在流水的江南，还是在冰天里的雪国。时而，目光顺着砚石的凹凸涤荡起落；时而，山重水复无路处，形意池、堂，忽忽然如在眼前。

源

89

素砚图一   素砚图二

几多次，小心翼翼捧着砚石翻来覆去一遍又一遍，哪怕砚石冷眼相向一脸不屑。多少次随那砚材，被它牵着哄着过了浅滩又上高山直搞得天昏昏地暗暗晕头转向。

常常，我相着砚石，觉得那砚石也在相我。它，看我想做什么，会对它怎样。这样的相对相望，最初或是对立的、矛盾的，甚至于冷清、冷漠、敌视。当交流到达一定层面，石的美好、可爱、特质、佳妙逐步展开，我的美好渐渐融入，那一瞬，砚池砚堂、古松楼阁、山水庭园、溪桥人家，在你相的砚石中已隐隐浮出，若隐若现。

大画家徐悲鸿说，作画"可贵者胆，所要者魂"。优秀砚雕家的特质，我以为亦如是。他们兼具不同于凡常的胆略、识见，能找到原本隐约于砚石中的那砚，不仅找到，且还能随石入砚，因材形艺，用过人的心性凹凸出稍纵即逝的古怪精魂。

轻轻地，他们将砚石打开，经千锤百炼，砚石还是那砚石，随那砚石刻出的砚，因为有了精魂，从此庸碌尽去，气象万千。

四、古典图案与入砚图画

最初，我见到的砚，让我一度以为砚没有图饰。这砚，是一正方形砚，砚在方形中间凹下，开一圆形砚堂，此外，什么图饰也没有。后来，看过刻有蕉叶、鹅形、松鹤的新砚，雕有云龙的古砚，再后来进入砚厂，知道一方砚里，可以雕的图饰其实很多。

多，也就两类，一类是图案，一类是图画。

砚上的图案，最为常见的是古典纹饰。比如刻于砚额或砚边的夔龙纹、古凤纹、回纹、云纹，缠枝纹等。

入砚的图画，一是古典题材的多，比如寿山福海、景星庆云、三阳开泰、松鹤延年、丹凤朝阳、云龙夺宝等。二是绘画形式的多，比如八仙过海、竹林七贤、达摩面壁，还比如宋、明时期的山水画、花鸟画，再比如《三希堂画宝》《芥子园画谱》，等等。入砚的画，虽然众多，但以工笔手法的最是多见，写意的画，人物也好山水也罢，概无例外地稀见。

刻在砚上的古典图案，多是规范形态，比如长方、正方、椭圆、正圆、门式、钟式。构成多取左右对称式，或一左一右放在砚额，或一左一右由砚额至门式的两边，或者，直接是一砚的一左一右，围着砚边满刻。而雕刻手法，多是减地后的浅浮雕。

大不相同于古典图案的是入砚的图画。

因为图画入砚，砚的外形可以不再一如地规范，不再非方即圆。砚形可以不用讲究对称，可以自由造型，可以随石随心而制，可以直接以天成石形作为砚形。

图画进入砚里，构成是自由的，一棵盘松也行，一径松枝亦行。配合松树添加一点云彩也行，在松枝旁加上竹、梅仍然行。不知是砚先有了变化，而后图画进入了砚，还是因为图画入砚变化了砚。总之，这是砚制发展中一次巨大的变革。

图画入砚，构图不同于绘画的经营位置、章法布局，是不同于绘画构图的适合性构图。

第一，图画入砚，构图要适合砚的器形。砚的器形有其独具的特定样式。图画入砚，构图只能在这特定的形态内布局。第二，图画入砚，构图要适合砚本身的特点。砚具实用性，以实用为宗，有自身独具的语言，砚的池、堂、边，是构成这些语言的要素之一。图画入砚，构图要考虑、兼顾这些语言，同时要适合这些语言。

因为图画入砚，砚的形式不再一如老套，而是可以随图画的变化而更变。比如，在砚石上画棵古树，树，画在砚石的额部，砚池、砚堂可以设在额部下方；树，要画在砚石的左部，砚池可以紧靠左部安排；若将古树画在右部，砚池还可在相邻古树的右边开出。

还因为图画入砚，砚的雕刻手法变得多样而丰富了。砚，不再是一如的浮雕、浅刻，深雕的砚有了，镂空雕刻的也出现了，薄意、点刻、减地手法，也在砚里有了新拓展。

需要提到的是，图画入砚，不是看到什么图画，古典的或新作的，生搬硬套，弄到砚石上便是。砚是砚，画是画，图画入砚，不是在砚石上雕刻图画，画境再好再美，是画的事，图画好，不能等同于砚好。

做砚，可以不要图案不施图画地做吗？当然可以，比如素砚。

不施任何雕饰的素砚，一度很受人们的推崇、喜爱。有一段，爱素砚的人们，甚至将素砚拔提到了费弃他砚、唯素独尊的程度。

素式砚，代表的只是素式。

素简是一种美，异彩纷呈也是。素砚，如何也不能取代朱砂红荷鱼砚、刘源制的双龙砚，也代表不了陈端友的吉金古泉、顾二娘的洞天一品。我们，不必因为喜爱素式，就觉得砚都应当去掉花式、图刻。这就好比齐白石的虾好，让大家放下山水人物，都画齐白石的虾一样。制砚，若都是千篇一律遍的素砚，想想都后怕。

泉

五、设计，要看你藏有何样锦绣

（一）

砚石在没雕刻以前，砚作者想做一方什么样的砚，想在砚石上雕刻些什么物象，构想阶段是可以海阔天空任意想象的。

砚的设计构想，不同的人各有侧重，有人面相石，喜欢瞬间感觉，在感觉上形成设计；有的喜欢围绕石品，依石品的位置、角度创作设计；有人则偏爱砚料的形、色，从形色上琢磨，着手。

有人，手头有一砚石，他构想着要雕刻飞天，因为砚石上有美妙的丽色，像云霓，似飞霞，又如彩练临空飘舞。有一刻砚者的砚石，形，团团如鸟巢，于是他构想着做一鸟巢并想将其雕刻出来。还有一人，新得一砚石，他直接将砚石搬来我的工作室。面对那砚石，他兴奋地比画，这一块他想雕什么，那一块他想怎样。

构想是设计吗？不是。

相比设计，构想如雾里那花，大约而大略，美好而不具体。

　　构想再奇妙，不过是构想。砚，有砚池砚堂砚边，有独具的形态样式语汇。方形的砚石，理性、端庄、秩序。圆形的砚石，饱满、圆润、丰实，而随形的砚石，自然、随心、遂意。砚的设计，是依据砚的语汇要求，结合砚材的形、体、品、色得出的雕刻方案。这样的设计，必须有具体清晰明确的思路，有清楚的构图，有明白的构成，能够适合接下来的雕刻制作。砚的设计，要考虑题材怎么结合砚，砚料的色彩是否适合某个题材，砚料的厚薄、形态，适合做成横长还是竖式？砚料上若有石品，石品怎么处理？雕，用什么手法，深雕有深雕的优点，薄意有薄意的长处，用何样的手法表现？设计，关系到砚如何做，成砚怎样。设计，重在你想怎样表现，要突出什么强调什么，能蕴含什么凸显什么。

　　为了设好这一计，我时常要相那砚石，将它翻来覆去细读慢品……

（二）

设计，多半时候，我爱将其比作理想。刻砚，一铲一刀雕刻的过程，如一步步实现理想的过程。

设计，从题材上观，隐隐浮现的多是一个"古"字。你画的松，最好是古老的松，你画的龙，最好是颜色泛黄的长卷里翻寻出来的龙。你设计在砚石上的山水，没有古代的亭台楼阁，不能证明其古，没有带雨篷的孤舟、笠翁，无法证明其老。

有的设计，爱将砚的池、堂、边搁在一边，将雕刻图案搁在另一边。一方砚，池、堂、边总是固定的，设计的切入，不过是将这一图案替换为另一图案而已。有的设计，石是石，砚是砚，设计不一定随石俏色，设计出的砚，只要好看、好卖就行。

设计，我已习惯于随自然成形的毛石。那石，未经人为裁切，石上留存古怪凸凹、粗糙肌理、刀边斜口，参差变化。石上的石品，可以出现，也可以隐隐然将现。随石，当然我也意愿随那经过人为切割制成一砚坯的料石。这石或长方，或椭圆，或略带自然态，那行将用来入砚的一面，石品可以一一展现，那砚石的纹色，亦可以一一鲜明。随石，有时我会特意随那才出砚坑，带着刚入人世的清纯，一脸青春棱角分明的坑采砚石。若是遇经亿万年的风摧，日晒，雨淋，雪洗，形有一份别样浑然，质有一脉别样坚毅，貌古朴。相自然的砚石，随这样的石，在我，自是别有一份快慰与欢喜。

设计，可以由砚石上的一点生发，比如金星，比如石眼。也可以由一抹色彩，像歙石的金晕，苴却的黄膘。设计，灵感也可以来自砚面的浑成肌理，它们自成天趣，大象无形。设计的切入，还可来自凹凸的形态，它似什么，又不一定就是，点到为止，若隐若现。

设计，有时我偏爱依色，循着砚石的色泽，顺其自然，俏色入砚。有时，我专注于巧用石品，哪怕那石品只有珍稀的一线、一点。设计，石是欢快的，我也欢快，石是跳跃的，我也起舞，石是自然的，我顺其自然。

设计，着重在依砚。

任你有一双能画的巧手，你设计的山画得再深邃，设计的水画得再多情，设计的人画得再传神，但是，你得依砚，砚终归是砚，砚有砚的比例构筑、砚的深浅凹凸、砚的尺度样式、砚的语汇特性。

啸风

六、设计，你得心中有砚

砚的设计，入手各有不同。

面对砚石，有的先想做什么，想好了，之后再在砚石上画出图形。

这图形，可以是联系砚石的图形。比如，砚石上有金星，那金星像雨点，于是，你由雨点想到图形，想到要雕刻一个雨中行走的打雨伞的人。还比如，砚石上有一块绿色，这绿色像荷叶的绿，于是，你想用这绿色巧雕一荷叶。也可以只画出你想刻的，哪怕你刻的不全和砚石有联系。能联系当然好，不一定联系也可以画。

画出你要刻的，之后怎么办，之后再配上砚池、砚堂、砚边。

这样一配，砚的设计，大体上是不是出来了？是的，一定是。这是砚的设计吗？是的，当然是。

你也可以先画出砚的大概，砚边的线条，砚池多大，砚堂的范围。再画你想刻的图形。比如人物，又比如山水。

这也是砚的设计。

有人说，知道是可以这样设计，可就是画不好。这怎么办呢？也不要紧。想画好，一是要学画，二是要多在砚石上画。那些砚石上画得好的，都是从画不好过来的。谁都是从画不好到慢慢画好。

能自己画了，进一步的设计当是怎样？其一，你得会刻砚，这是大前提。第二，你必须懂砚，对砚的了解认知越全面越好。第三，你的心中要储备很多砚。很多是多少呢？越多越好。第四，你得知石识石，对你雕刻的砚石，得明白、清楚、了解、掌握。知道得越多越好，了解得越深入越好。

此后，不要先画图形再配砚式，或先画砚的池、堂再配图形了。你得心中有砚，你的设计，得在有砚的前提下，联系砚石的形、色、品、质，结合雕刻手法进行。

设计，第一次拿着带金星的砚石，你可能灵感一下来了。再一块金星石怎么设计，接着还是金星石，十块、数十块都是，该怎么办？前几个月，你都在设计雕刻椭圆形砚，这个月，你的设计、雕刻面对的还是这样的形，下个月还是，接下来一样。这，是设计要面对的可怕。

进一步的设计，"设"的要是你的"计"。你的设计，砚式不是人家的、古人的。你画在砚上的山水、人物，不应是芥子园，或者华三川的。你的设计，画的是你的特点，带着你的符号，有你的个性、追求、风格、面貌。

一个知砚不多的人，不会成为优秀的砚雕家。一个设计高手，定然是知砚懂砚的行家里手。你读过什么砚，知悉什么砚，了解什么砚，掌握什么砚，你刻砚的水平、高度，你对砚有怎样的认知了解，这些，都会一一显露在你的设计里。

好的设计，经由你的匠心、蹊径，砚上却能自在自然不着一丝设计纹痕。那砚，像是砚石所孕，那石该就是那砚，那砚，理应就出自那石。

更见水准的设计，还在设计能否融入思想。融，体现高度；融，是一境界。而设计思想是否能融，不尽在砚石的石品石色，不全在毛颖的瞬间感觉。这样的设计，倚重的东西已不仅仅是砚里的功夫、技艺。

七、设计不是海绵里的水

设计，融入砚石是基本要求。

融，可以融砚石的形，也可以融砚石的色，还可以融砚石的品。融，是题材创意与砚石的融；融，还是人、石、砚的浑然互融。

砚的设计，设计的是砚。砚，有和水研墨的砚堂，藏水贮墨的砚池，留水护墨的砚边。设计，理所当然地要把这些砚的要素考虑进去。砚的设计，不是山水，不是人物。砚就是砚，砚有砚的特性、砚理。砚的设计，当然要考虑砚理，有如作文要考虑文理一样。

设计要兼顾制作。深雕、浅刻，怎么做为好，设计时就要考虑进去。

不适合做或做不出来的设计，等于没设计。

设计得有感而发，难点在很多砚石本身不能让人生发感觉。比如近乎一样的一块接一块的不圆不方的人造砚形，早已熟视无睹的四平八稳的某一形态。

感觉有或没有，不尽在砚石。有时你一天复一天地在斗室苦思，画过来又画过去，最后什么也没画出。有时，在茶馆，在车上，在意想不到的地方或与老友相见的一瞬，感觉会忽地不期而至。

设计，不是海绵里的水，想挤就能挤出来。没有感觉时，宁可放下设计，不管是砚石没给你感觉，还是你对砚石没感觉。砚石给人的感觉，有时是直感，很直接。那感觉，在人与石相见的一瞬就蹦出来了。设计的感觉，有时是心境，有时还会是手里那支笔。下笔没感觉，接下来的设计多会偏于牵强，比较勉强。

设计，要尽可能抓住大的感觉。大感觉，可以是大形、大体、大约甚至朦胧时刻。设计，不必一下子就进入具体的细节，更不要在有感觉时心急火燎地去查找、挖掘石品。

不好的设计，在一方砚上，图是图，砚为砚，图与砚截然分开。较差的设计，别人早已画过的设计，你还在重复画。一般的设计，在你设计的东西和常人做的是一个套路。比如，别人用小石眼设计龙眼，你一样，别人用龙爪抓石眼，你也是。

设计要随石依砚，很多人都知道。而能够令人刮目的设计，却不尽在随石和一定依砚。设计，怕的总在循着一个思维顺着一个路径去想，总想着必须因材施艺，必须巧色用品。设计，展开想象的时候，最好是无拘无束，放开思绪，天马行空，信马由缰，想他人所不敢想。设计，更怕的是你被砚束缚，为砚所拘，陷入砚的模式，面对一块砚石，总想着这是砚池，那是砚堂。这形，就得这样做，那石色，做出来的就得那样。

面砚石设计，常想着能生奇彩出迤逦。

砚石或立或睡，或诡异、轻狂、张扬、啸傲，或一脸不屑不可一世一脸板肃一如冷酷，像考官面对着你，又如一个斗士，袖手横在那，看你有何能耐可以怎样。

面砚石设计，看石形凹凸成趣，看厚度浑然丰实，看肌理神奇妙怪。石品，这也不错那也难得；色彩，这也可爱那也不舍。设计，其实不是一味地面砚石，去向砚石要。好的设计，还在取舍之间的知取什么能舍什么。取，需要功力水平，而能不能舍，敢不敢于舍他人所不敢舍，需要的却不仅在水平、功力。

制砚

曾经，在万千的砚石中，我们有缘和某块砚石相遇，我在砚石上看见了雾的朦胧，青铜器的斑斓，春日草尖上的露珠，溪山行旅的寂寞高古，石器时代的拙味纹痕。可是，随着不经意的下刀，或许顷刻，上好的砚石烟消云散。

砚石是砚石，砚是砚。

砚，之所以是砚而非他，在其独具的面貌、语言、特性。

制砚，只制是砚的砚，不过是能制砚而已。

好的制砚，可以巧用砚石的稀品、名品，锦上添花。不好的制砚，亦可以化砚石的稀品、名品为朽腐。

艺术的制砚，是戴着镣铐的舞蹈。镣铐有如砚的概念，在束缚、制约着你，而高明的舞者，能融砚的语汇于其间，能在束缚中施入灵魂、思想，从而舞出心田的自由、灵性与美好。

高层面的制砚，是精心精巧后的随石随心。这样的制砚，犹如唐人笔下的好雨，能随风潜入，可润物无声。

一、源流，艺术，阶段

（一）

制砚，最先尝试取石做砚的人，或是砚石产地躬耕于田亩的农户。他们在耕作之余，尝试做起了砚。

砚，主要供读书人使用，要方便搬移、挪动，所以，砚不能做得太大。最初的砚，使用后可能清洗不方便，但是，慢慢地人们做出了方便涤洗的砚。早期的砚，要具备的功能主要在两方面：一是要有研墨的地方，二是要盛得下磨出的墨汁，为了让研磨时的墨不会溢出，砚边的制作逐渐成为制砚重要的一个环节。

官方、民间有用砚需要，他们就做几方，官方、民间一时都不需要砚，他们继续做着田里的农活就是了。

随着用砚量的扩大，伴随着名砚的声名日振，在端砚、歙砚等砚类原产地，做砚，慢慢成为一个行当，进而逐渐出现了离开农

空山

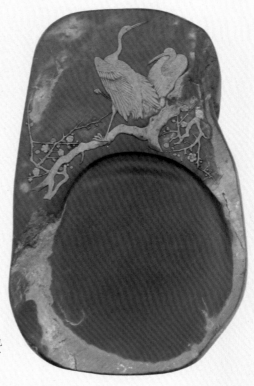

鹤梅图／端砚／杨智麟制

　　鹤、梅雕刻，砚中时见有出。
　　此砚，俏色入砚，应材形艺，
梅、鹤有放有收，张弛有度。用色
俏而不炫。全砚清新脱俗，刻出了
清冽、灵动，以及难得的仙气。

105

田，转而成为专事做砚的工匠。

宋朝，有一个爱砚人，为了看砚，越千山，涉万水，来到歙砚石出产地——婺源的龙尾山砚山村。这人就是著名诗人、书法家黄庭坚。其时的砚山村，砚业已具一定的规模。我们可以从他为这次行游写的长诗《砚山行》中，得见当时的盛况：

> 新安出城二百里，走峰奔岳如斗蚁。
> 陆不通车水不舟，步步穿云到龙尾。
> 龙尾群山耸半空，人居剑戟旌幡里。
> 树接藤腾雨畔痕，兽卧崖壁撑天宇。
> 森森冷风逼人寒，俗传六月常如此。
> 其间有石产罗纹，眉子金星相间起。
> 居民上下百余家，鲍戴与王相邻里。
> 凿砺甃形为日生，刻骨镂金寻石髓。
> 选堪去杂用精奇，往往百中三四耳。
> 磨方剪锐熟端相，审样状名随手是。
> 不轻不燥禀天然，重实温润如君子。
> 日辉灿灿飞金星，碧云色夺端州紫。
> 遂令天下文章翁，走吏迢迢来涧底。
> 时陈三日酒倾醇，被祝山神口莫鄙。
> 悬岩立处觉魂飞，终日有无难指拟。
> 不知造化有何心，融结之功存妙理。
> 不为金玉资天功，时与文章成里美。
> 自从天祐献朝贡，至今人求终不止。
> 研工得此瞻朝夕，寒谷欣欣生暗喜。
> 愿从此砚镇相随，带入朝廷扬大义。
> 梦开胸臆化为霖，还与空山救枯死。

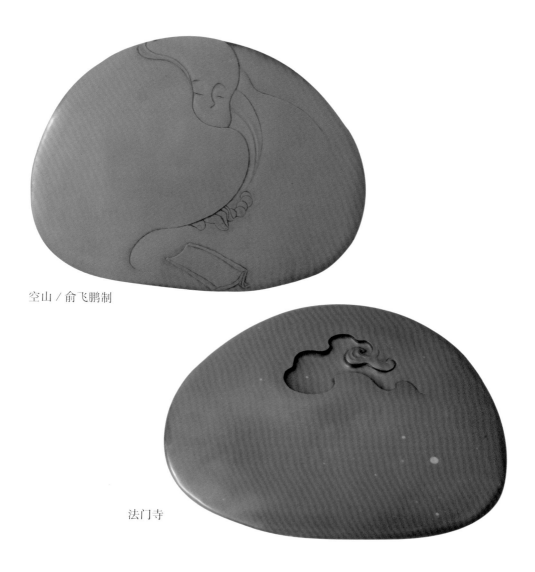

空山／俞飞鹏制

法门寺

　　专业工匠的出现，促进了砚的产出和发展，砚的雕刻技艺，也随着这一行当的发展，逐步变得专业、严谨、工精起来。随着家庭式的刻砚队伍的出现，砚雕技艺由父传子，开始了一代代的工艺传承。专事做砚的作坊慢慢地发展起来。技艺好的师傅随着声望日增，成为当地远近闻名的名师名匠，有了名气，有人将孩子送过来拜师学艺。制砚的技艺，由是开始了师徒间的传授。

（二）

制砚，只要做得大小适度，深浅相宜，使用时能便利研磨，留水贮墨，也就可以了。开池、挖堂、起线，池该深深点，堂需平平点，线，要直就做直，要弧圆就做弧圆，谁能说这样做的砚不是砚。

制砚，不一定要讲究艺术的外形，要造出什么别致的样式，要有奇异的石品，好看的石色，要构思，要因材施艺，要随砚石的色彩刻图镂花。不艺术的砚，不过不艺术罢了，但是，它也是砚。

我到过一地。那里做出的砚，一排排，再一排排，一样大小，形一样凹进凸出，图案一样，雕刻一样。这些砚，翻来覆去看，就没看出有什么不一样，它们，通通靠一个模子压制出来。

又到一地砚厂，远远地听到很多机器在轰响，抵近一看，真是不看不知道，一看真妙，好多台机器都在那运转。它们都在做一件事——机雕刻砚。

商周时代

（三）

　　制砚讲艺术，砚不再仅仅作为实用物，是砚雕发展到一定层面使然，是砚从单纯的实用性向艺术性演变。

　　艺术的刻砚，不是依样画葫芦，不是复制，不是老调重弹。举凡设计、用品、雕刻、处理，砚上皆能呈现独特、独到。不同砚材、形态、面貌、色彩、感觉各有不同，高明的砚雕家，能根据其中的不同，因材施艺，进行艺术再创作，做出别开生面的作品。

　　艺术的制砚，砚石的形，是砚形，也不仅仅是。砚石的色，是石色，还是你构筑的艺术之色。艺术的制砚，砚是砚，但已不全然是砚。能够艺术的制砚，要看刻砚者进入制砚的什么阶段，步入何样的层面。

　　层面，有砚里的，还有砚外的。在此，我说

三个层面。一层，师父怎么教可以怎么刻，能刻已知会刻的东西。二层，可以就已知的图案，根据砚石的形色进行构图、设计、制作。三层，能有意识地在砚石上创作。

制砚，能否艺术地刻砚，刻出艺术的砚，不在一、二层面怎么样，重在第三层面能怎样。

以阶段看，学砚之初，得先学会开砚堂，打砚池。从不会到基本学会，这一阶段，有如下围棋的初段。二段，可以在砚上雕些东西，比如云龙、山水，比如花鸟、松竹。三段，可以随砚石的大小、形态、色彩、石品，安排图案，安排好砚的池、堂、边线。四段，砚上的东西能刻得细致、具体、形象。五段，行到这一步的作者，雕砚，像什么是什么的问题已然解决。制砚，到了这一阶段，有的不再纠结做的是不是砚，而是应如何做砚。有的开始有意识地避开商品砚的制作，作品有意识地去俗，脱俗。有的砚开始有新意、别样的东西出现。行到这一步，制砚可谓初步呈现艺术的感觉、气象。

砚林中的刻砚者，行到三段的较多。进步快的，学个三到五年，已能安排图案，刻出一方像那么回事的砚。行到四段的不多。一是这一阶段，砚上的图案，要求围绕砚来刻，以砚的要求刻，而非只要图案好看，想怎么刻就怎么刻。二是砚上的东西刻得细致、具体、形象。这一要求，其实已不仅在刻砚的刀工技艺，还在认识、刻画、表现物象的能力。

以下，结合砚里砚外的修为、学养，我谈谈刻砚的六到九段。六段，这是制砚由必然王国进入自由王国的关键阶段。这一阶段，作品由过去的注重写实步入不仅求写实。这一阶段，题材、形式多样，手法具探索性并呈现一定的厚度。七段，前半段，砚上不一定"有我"。但是制砚，砚石与题材、雕刻、砚艺已能交相互融。后半段，作品风貌独树，形成自己的个性面目，制砚进入"有我"阶段。八段，作品见文心、学养与思想。做砚能随石随心，一石在手，可以拿、揉任意，作品人石合一，渐近化境。九段，步入无我之境，这一境，犹如看山不是山之后的山还是山。不知砚中何为我，何为非我。作品大巧不雕，得自然，见自在。

猴趣图／背面

二、池、堂、边，侧、背

砚池，多开在砚的关键位置，起藏水贮墨作用，如砚的眼睛。

砚池的开法，一是开的大小、宽窄要恰如其分，恰到好处，不显小气，不觉拘谨。二是力求实用，适度深开。三是讲艺术，知变化。传统砚的池，形式大多固定，好的砚池，随砚形的不同而不同，视图案的需求而变化。

砚堂，恰如一个人的脸面。

一方砚，最深的部位是砚池，最广的部位是砚堂。

砚堂构成，主要有两种形式。一是平整式，工艺要求平整光滑，抚之无凹凸不平感。砚堂与边沿的结合部要求过渡自然、舒适，无生硬、突然感。二是向心微凹式，所谓向心，即在砚堂中部确立一心点，由四围向中心凹入，凹的幅度不可过大，以微凹，渐进为宜。

砚边的作用，从某种角度看如人的手足。

砚边，一线的或张或弛，或放或收，或直或曲，关乎一砚的气势气氛。砚边的功能，一起留水作用，二是在研磨时防止水、墨溢

出，起护墨作用，三是作书绘画时起理毫顺笔作用。

砚边，主要有直线砚边、弧线砚边和曲线砚边。直线砚边，一般地说，线条讲究做得挺拔、富有力度和立体感。弧线砚边，主要用于圆形、椭圆形砚式。工艺要求简洁、明快，具弧线美感。曲线砚边，线条多有弯曲变化。在张弛、起伏、凹凸的变化中，曲线砚边讲求的是自由、随意而富韵味的美感。

砚侧（处于砚的侧面），分规范式砚侧与非规范式砚侧。

规范式砚侧，以尺度严谨、比例考究的四直、长方、钟样、箕形、正圆、椭圆、腰鼓、八棱等居多。这一类型的砚侧，非常讲究制作上的左与右，上与下的对应关系。制作过程不允许出现缺边少角、亦高亦低、左大右小等现象。

非规范式砚侧，与规范式砚侧多有不同。这类砚侧以自然料形为主，对一些天然成形、自然有趣的砚料，常有意保留其原形。工艺要求：一是对刀边、斜口、凸凹多而琐碎的砚侧进行处理。一是对处于砚侧的天然肌理进行处理。处理时可留部分本色，去除部分肌理。处理，整体上应给人以天然、人工相生相合，浑朴浑然之感。

砚背的工艺要求，首要在平稳。

砚背的处理手法，常见的是复手底、平凹底、自然浑圆底三种形式。

复手底是开在砚底的带明确边线凹面。凹面浅显、平整，边线流畅生动。由于复手底可以去砚背的平板呆滞之气，通过凹面保护，题于凹面复手内的题字刻铭不易磨损，因而这一形式在砚背最为多见。

平凹底，类似平面中的向心微凹式，即在砚背中部确立一心点，然后由四周向中心凹进。与平面制作不同之处在于，平面是微凹，凹底则要求凹得较深。

自然浑圆底，多用于自然形砚中，要求砚底中部凹进，底部边沿凸出，凹进凸出予人以随意自然感觉。

三、刻刀，精气神韵与妙怪味道

制砚的刻刀，古人造的最是莫测。想那刻刀不过是铁质，刀锋比不过时下的硬质合金。石，还是那砚石，可是，古人就用那刀开出了神异。

海派大家陈端友的刀具多是自制。他制作刀具的材料，是老座钟的发条。当时的老座钟，多是国外进口，里面的发条，片薄，条状，圆形盘起，弹力、韧性十足。

当下，刻砚的刀具，端砚有端砚的不同，歙砚有歙砚的特异。以大类看，制砚的刀具可分为两类，一是直口类，一是圆口类。直口与圆口，以功用分。又可分为打刀、刻刀和铲刀。

直口刀，扁平，刀口有宽窄区别，总体朴质、直白。圆口刀，除大小相异外，圆弧弧度也不同，比如那弯月形的，弯得恰好了，看着就有精气神韵与妙怪味道。想这样的刀拿在手上，刻出的砚会忽如神来别有一番韵致。

平直而厚实的刀，适合做打刀，秀长而细腻的，多做成雕刻用刀。第一次在砚厂，我是一半新奇一半好玩地领过十余把刀具，那刀，长的各有所长，短的粗细各异。有的刀头偏宽，有的刀头细窄。这一样式的几把，那一类型的几样，里边何为打刀，何是雕刀，何用作铲那砚石，何用来刻那绵细，看得眼花缭乱，还是理会不清，弄不明白。

刻砚，逐渐多了，知道都是刀具，功用却是各个不同，各有异妙。打刀，宽有宽的适合，窄有窄的机巧。做砚，这一地用这把刀可能得心应手恰到好处，忽然把它挪动一下，放到另一地独当一面，却可能一无是处一塌糊涂。所以学做砚，做的过程还是识刀的过程。而

神思

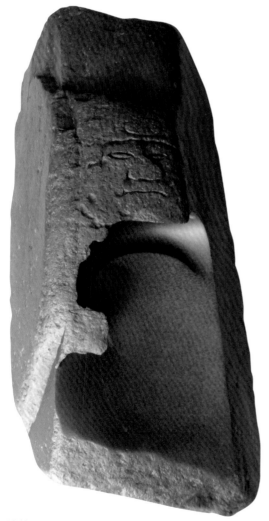

员外 / 2016年 / 俞飞鹏制

　　此砚，我有莫名的喜欢。

　　这人姓甚名谁，如何就是员外了，我也不知。刻这砚，看着这石，刻，砚与那古人、古人与那砚蹦跳着就出来了。

做砚的高手都是善于用刀的能手，他们常常能在看似相近的一堆刀具里，一眼找到需要的那刀，一路刻去。刀，在他们手上倒来换去，看着更换了很多，略一定睛，手上执的、又换成了最初那把。

我刻砚，时常用一把夯实的打刀，很多生硬之地、麻烦底里，多靠它拿下。时而，我也爱用一把月形打刀，它的可爱在能随心起伏，一径漫去，还能深入浅出曲径通幽浑成一脉，我用它辟出一片神奇天地。多时，我用的是一把稍宽的圆刀，我喜爱它的圆融、灵性，下刀的意趣，开出的状态。手握刻刀相向砚石昏天暗地一鼓作气的刹那，常常觉得刻刀已不是那刻刀，我也不是我，刻刀已灵通如我，我俨然就是刻刀。

刻过不少砚，用过不少刀。

以雕刻用刀说，平刀个性刚毅，于平直中见率真，以刀锋明快、干净利落独具。下刀简洁分明，刚劲秀雅，流畅遒劲，犀利险峻。圆刀浑穆古逸，朴茂凝练，苍然有骨，圆融而可爱，于灵变中见机巧。以藏锋入砚，灵活机变，富于韵味而见长。

忽而想到，当年从婺源带到四川的刻刀，现在已所剩无几。那些刻刀里，最得我心的是一把鸭舌刀。它修长、圆润、扁平，刀口开得很薄，磨一次可以使用很久。那刀，下刀最是出味，冲刀入石，看着砚石如泥土般被刻开，手握那刀，一任沉浮一任凹凸一任心想意随。我的很多作品，应都留下了它的神韵。有一段，可人的这把鸭舌刀，忽然就找不到了，工具盒里、工作台上、抽屉里、桌下面，我就是寻不见它的踪影。所有的工具，一下在我眼前好像都已不再是工具，很久很久，我坐立不安，下刀无味，失魂落魄，入夜无眠。

刻刀，我不知道，在刻砚的同行眼里分量几何，形象如何。刻刀于我，如鱼之得水，如形影之不离，如画家手中的那笔，得于心，应于手，点染之间，若春风拂面，如细雨沾衣。

四、做素砚，心里时常会蹦出两字

素砚，无花色雕刻的砚，有如早期的电影默片、黑白片。

古旧的方形或圆形素砚，是看似普通的砚样。一方砚，不过一池、一堂，兼具砚边，其他什么也没有。

20世纪80年代中期，在龙尾砚厂，我曾见过一熟手做砚。这位玉山来的制砚人，用裁切好的罗纹石料，做一种三寸大小的素砚。他站着略微弓着身子做砚，凭手工铲铲、切刻就能做出一方，不到半天工夫，他已做了二十来方素砚。

素砚，相当于书法入门的楷体、绘画基础的素描。素式的砚，具器之形理，蕴器式之美。一砚之中，有分割，有深浅，有长宽，有曲直，有比例，有线面，有方圆，有对称，讲虚实，见刚柔。好的素砚，是尺度、器形、工艺、美感的完美结合。

好的素砚，增一分则长，减一分则短。它可以深浅恰好，比例恰如，过渡巧妙，丰实完满。高层面的素砚，似经由辉煌历过灿烂，如"山还是那山，水还是那水"。它的美，在以素显美，在简约之美，是简朴中呈现的素简之美，是极简中的定然不简。

不过，不雕点花色的素砚，会让习惯于雕的人心里发毛，一下子找不到北，一方砚，什么东西都不雕，这还是砚吗？

古代素砚的发展，大致经由三阶段。一是唐以前的模糊期。这一时期的砚，虽然多是素式，但是砚的总体概念模糊，砚，时而大，时而小，时而不高，时而又很高。砚堂、砚池的分工含糊。这一时期，代表性的素式砚是唐时出现的箕形砚。

二是见尺度，讲分工的宋砚阶段。由唐而行，一路跌跌撞撞，终于到了宋代，砚的大小、厚薄、长宽，有了相对确立的尺度，砚池、砚堂、砚边有了明确的分工。比如出现在宋代的著名的抄手砚。

三是精进而步入制砚高峰的明清砚阶段。制砚，由明到清，砚在题材、雕刻手法、样式、创意上已有多方面的发展。这一阶段的素式砚，长方、正方、正圆、椭圆皆有见。素砚中讲究、实用的门式砚亦出现于这一时期。

以量产论，古代，素砚是最多的一类砚，可谓遍地都是。古砚中的素砚，并非都做得很好，而是绝大多数的素砚做得不够好。相比雕花镂草的砚，素砚更见单纯，素砚更具实用，以制作看，去掉了花式雕刻，不必因材俏色，用品，只要开出砚堂，挖出砚池，做

烟村／正面

烟村／背面

好砚边，一方砚大体做成。

早年学砚，我学做的第一方砚是长方样的素砚。以形体观，相比抄手砚，长方样式的素砚远没抄手砚的高度，总体上扁了很多，也平了很多。深究一下看，这扁平了很多的砚，体积轻了，形态制式简洁了，更便利研磨、书写、洗涤。以砚制的演进说，这样的方形砚，体现的是宋代抄手砚之后的进步与发展。

学制砚，可以不讲究，也可以很讲规矩地做。讲规矩地做，从做好一根线条开始，从如何开砚堂，打砚池开始，而这样的开始，由素式的方圆形砚入手，可以说是行之有效的一种学习方式。

目前我们看到的素砚，大多在偏于工，泊于工的层面。这类砚造型见工，线条见工，池、堂、侧、角、底等亦见工，这类素砚，长度、宽度、厚度多严谨、规范。以做出的池、堂、边看，工，有的已走到尽去浮料的地步。或因一味专于工技，工素的砚，意已不在素，而是在"做"工，用手矫揉地"做"，甚至过于在"做"。

素砚，我更意愿看到素中见朴的一类砚。朴，于制砚者而言，要的是一份素朴文心，由这份心境生发，做的素砚才有可能如行云似流水，还其真，得其意，浑其形。偶尔，我们会看到这样的砚。只是这样的砚，多如暗夜里忽来的光亮，闪烁只是一瞬。

做素砚，我的心里时常会蹦出两字，琢素。

素砚，但凡提到雕刻，总让人想到刀工、雕技。而做，总免不了修与饰。你得为一方砚，一步一步小心翼翼地做、修，这里做好了修那里，哪个地方不妥当你得继续修、做。比较做和刻，我更心喜于琢素。琢，丢开了做的修饰与刻的工技，心，忽忽然如沐随风潜入的好雨；琢，让你有如画画时的快意挥写，如"明月几时有"的脱口而出；琢，你可以自然率性，由心，随意。做砚，做的无论是素式或非素式，若不能做到率性，由心和随意，你刻出的砚，如何能得于心呢？

五、刻砚，形好比是纲

刻砚的形，有砚的，亦有图饰的。形，涉及砚的形态、面貌，雕刻的图饰、图形。

雕刻的砚，有的很大，有的很小，有的雕得过满，有的图饰花哨，有的走线妙怪，有的构造奇异，但是，总体上观，有的像砚，有的就不一定像了，这不像，其中定然存在这样或那样的问题，比如形。

一般地说，形是外在的，像一方砚的轮廓。

砚形，体现在砚的外形，还表现在一砚的内部。决定一方砚像砚或不像砚，需要综合来看。比如，你做的砚，砚池开出了，可它不像砚。还比如砚堂。砚堂是砚中最平整、最光亮的那一面，是用作注水研墨的地方。你做的砚，分明有砚堂，或许，砚堂开得也平，感觉上也亮堂，可是，它就不怎么像砚堂。一般砚的砚堂，开的都是平整式，也有开成平凹式的，可是，不管你开的是平凹式还是平整式，这砚堂就是不像。而有的砚，将砚堂反开成中凸式，即中部最高，然后逐渐向四围缓慢下行，这样的砚堂，尽管和我们习惯上的认为大不一样，可它是砚的。这是为何？要说原因，能说出很多，其中至关重要的还是形。

刻砚，总要遇到图饰雕刻。如雕一条龙，雕一山水，雕一罗汉，雕一花鸟，雕这样或雕那样的题材，这里，同样涉及形。

学习雕刻，图饰的"形"关，很多人越不过去。因为，既是图饰，总有凹凸、强弱、形态等摆在那。一下刀，这也想要，那也想刻，东雕雕西打打，最后，刻的是什么刻出了什么，好像都不是，似乎什么都没过关。

那么，下刀雕刻，对制砚者而言，最要抓住的是什么呢？首先，当然要抓砚的形。砚，定有那砚的形态样式，刻砚，始终得抓住砚的形。第二，是抓雕刻图饰的形。不管你要表现的或将要雕刻的是什么图饰，松梧梅竹也好，楼台亭阁也罢，细到松树的枝干，荷叶的脉络，它们都有自己的形。任其难或易，繁或简，一定要死

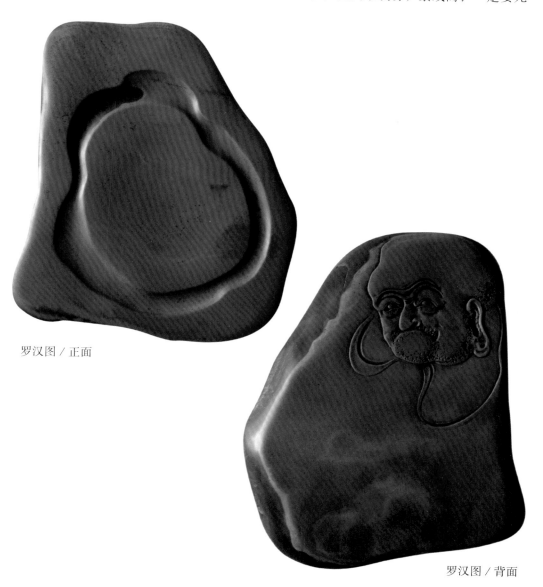

罗汉图／正面

罗汉图／背面

死地抓住。抓形，其实是雕刻图饰的一个诀窍。形抓住了，你刻的这东西，不管是什么，大体上它已跑不了。

抓形的要点，一在小心下刀，面对那形，一小点一小点细细地抓，二在不管其他，一心抓形。哪怕，你把形抓得过了僵了；哪怕，你只是平平地抓住了形，一点也没管凹凸层次，这都没什么，至少，比没抓强。

以刻砚看，抓形，不是刻砚的全部。形，不过是刻砚的一个点。刻砚讲形似，当然更重在神采。一方只是形似，只停留在形似的砚，不过是有形似，具了点形似而已。但是刻砚，形都没抓住，形这一关都没过，何来传神，何来神似？所以，首先，我们得抓住形，形好比是纲。刻砚，先得抓住纲。

暗香浮动／端砚／杨智麟制

此砚，匠心绵于砚侧。

砚侧，有石色一片，斑斓、凹凸。其间石线纵横。作者巧石线下刀，随色，依石，刻横斜之疏影，浮动之暗香，刻出一派别样清奇。

六、走刀，较量的是刻者的定力

刻砚得用刀，要把砚刻好，得学会把刀走好。

早年，遇一学砚人。他学砚，不想着如何把刀走好，一心想的只是雕龙描凤，刻花镂草。他打的砚堂，忽高忽低，他开的砚池，不知深浅。无论雕人，雕龙，雕花，雕鸟，他走过刀的地方多带有凹凸不平的齿状。

他刻过一方《三国演义》砚。那砚，在当时看，算是一方巨砚了。刻这砚，不用说，他用了很多功夫，洒了很多汗水。那天，他邀我去看，我一边看砚，一边看他，看到他一脸的得意。

屈指一算，距离当年看这砚，时间过去近二十年，当年刻砚的这人姓甚名谁，现在做苴却砚的已鲜有人知道。

以《三国演义》为题入砚，是再创作，面对这一题材，至少在我，不敢轻易言刻。这样一个题材，定不是搬抄一些人物雕刻在砚石上，就算刻出了《三国演义》砚。

说走刀，先得说刻砚的刀具。刀具，主要分三类：打刀、刻刀、铲刀。学砚，先练的走刀多是打刀。练刀，练的是手与脑的配合。初始走刀，刀拿不稳，下刀忽深忽浅，指东打西，这是正常现象。慢慢地，刀会走得稳些了，一刀打下去，该深的能深，该浅的能浅。再要练的走刀是雕刀，雕刀是用作雕刻的，有宽平刀、窄平刀、细平刀，有中圆刀、小圆刀、尖圆刀，还有中斜口、小斜口等。刻砚的走刀，要练得想走多平就走多平，想走多不平就能走多不平。一刀下去，能深，能浅，能粗，能细，能工，能拙，能见机锋，还可以圆融无迹。还需要练的是铲刀。雕刀，走的多是细密一路，铲刀的走，多是大块面、大角度、大凹凸、大效果。

刻砚，在概念上，很多人认为，雕出各式图案才叫刻砚。其实，走刀的时候，你已然在做砚，在雕刻东西。个中的不同在于，一是雕感受上的东西，一是指雕龙、雕凤等各式具体图案。

曾带过一学生。最开始学砚的那段，我让他练的就是走刀。当年很多学砚人，初始学的是雕龙。看着和他一起入厂的其他学徒，有的会雕龙甚至有的已雕得出龙了，情急之下，他跑了，跑去学雕龙了。

初始学砚，让艺徒学雕龙，不知端砚是否这样。我学砚，起始于1980年，起步于龙尾砚厂。当年的龙尾砚厂，学雕砚的学徒，最初几个月学的都是素砚，不让学雕松梧梅竹等任何图案。

走刀，练的是做砚的基本功。练习如何用刀做砚，是为日后雕刻这样或那样的图饰打基础。练习走刀，看起来是练手，实则是在练心。练的是一个人的耐心，较量的是一个人的定力。

流水江南

七、难易之于做砚

做砚做到昏天黑地，常常不知自己在做什么。是做砚还是在做山水？是做砚，一刀刀雕刻的分明是山水。是做山水，可做的显然是一砚。

做砚，难就难在面砚石时，砚的框框已然在那。它告诉你，该这样做，得这样做，似乎不这样做，此砚许是不成砚。总按框框做，你不愿，不按框框做，犯难，这是制砚的限定，亦是制砚的不易。做砚的无法，在不知道有框框，这时的制砚，形如脱缰的野马，想怎样疯跑就怎样疯跑。

制砚，要讲功夫、技巧。这里的功与技，有的是一个砚种的独门绝技，有的靠家族延续相传，有的靠拜师学练。不管靠什么，做砚，要学的技巧、功夫，勤学与多练是不能忽视的重要环节。

练，说易行难。一刀刀，一天天，一方又一方的砚，初始，砚的概念，可能你全然不知，一遍遍地下刀，可能你一点感觉也没有，但是，这是学习做出好砚的必由之路、必然前提。

练不易，年复一年地坚持练，更是难能可贵。

在四川，曾经，我特意去见一人。听人说，他租了一房子，练刻砚。他能画，还是个画家，这样的人做砚，审美、构图、意境、创意、造型、线面等很多做砚人需要苦学揣摩的东西，他已有。他缺的只是如何用刀，如何学会正确地做砚。那天到他那里，见到他在用电动工具打磨一块砚石，机器轰鸣，浮尘飞扬，他全然不顾。那一瞬，对这个由画入砚的画家，我有一份别样的感动。两个月后，再度听说他时，知道他离开出租房，丢下刻砚工具，走了。

做砚，练就了手头功夫，只是基础。接下来，我们得学会辨识砚材。我们不仅要学会于废石三千中找到上好砚材,挖掘出好砚材中的特质,更重要的,我们还要善于察觉掩藏在砚材里的问题、毛病,且能避开它,解决它。

做砚,都在说因材施艺。砚材怎样,就做怎样,砚材适合雕人物,不做花鸟,砚材适合刻山水,不做云龙。可是,我们做砚,年复一年这样,做到因材施艺就行了吗?当然不是。做砚,开出砚池打好砚堂,琢琢磨磨就是一方砚。做砚,雕一龙在砚上也好,刻一凤在砚上也罢,都是在做砚。个中的不同,在优与劣的不一,在高与低的差异。

面砚石做砚,有人心浮气躁,左顾右盼,心猿意马,贪多求全,顾此而失彼。有人心定神凝,气沉丹田,慧心独具,另辟蹊径,有的人,在寻常中找到了不凡,有人视神奇为腐朽。因为做砚人的禀赋各异,也因此,做出的砚有了高下与文野。

想尽快地把做好的砚卖出,你得多做时人觉得好看的砚。古人有诗云:雨里烟村雪里滩,见时容易画时难,早知不入时人眼,多买胭脂画牡丹。做砚,要想走到一个高度,仅靠重复地画牡丹,画得再多也没用,得刻出有层面、蕴高度的作品。

做砚,有时也想放下,放下砚石丢开刻刀,去一径有山水、有溪桥人家,兼有一叶扁舟的所在,举杯对月泛舟江湖,任烟波浩渺随波自流。或,写点文字读几页唐诗,合目神思在日光下打盹做几集好梦。再或关掉手机躲进寺院老坞,看自在自性的落叶流风,看一溪碧水荡漾喧哗,看挂在天际的一虬古松,看古人留下的砖木刻痕。

更多时候,做砚,雕着刻着便做进去了。

在广东肇庆、在安徽歙县、在江西婺源、在我刻砚的攀枝花市等出产砚石的地方,很多人都在刻砚。它是劳力的,是个费体力的活。它更是劳心的,因为,最终,刻砚的高度,不在你的功夫如何了得、技巧如何别样,起支撑作用的尽在你的学问、素养等综合的东西。

八、刻砚的路径

刻砚的路径，想来各有不同。

出生在端砚、歙砚产地的刻砚者和出生在非砚产地的学砚者，前者从小就耳濡目染，后者可能从小到大，压根不知道砚是何物。

学砚初始，在婺源，学的是素式。在其他地方，则不一定如是。起步学雕龙的有，起步雕山水的亦有。刻砚，以普遍性看，大部分的制砚，走的是工刻一路。工刻的砚，讲线条的张弛扬抑、刚柔直曲，讲雕刻的精微入细，讲砚边、砚池、砚堂的工整、规范，予人印象清晰、具体、明确、干净，不是雾里观花似是而非拖着泥还带着水。

学刻砚，刻的砚能见线条的工秀，见构筑的精心，见雕刻图饰的块面方圆入细入理，这是一路径。由工刻再往前行，专意于进一步的精工，或砥砺向前，步入兼工带写或进入意写，也是一路径。砚雕名家陈端友，成长于民国时期，似乎不想陈陈相因的他，在深研传统砚刻后，走出一条别人没行过的路径，成了海派砚雕的开山始祖。这，亦是一路径。

渔者

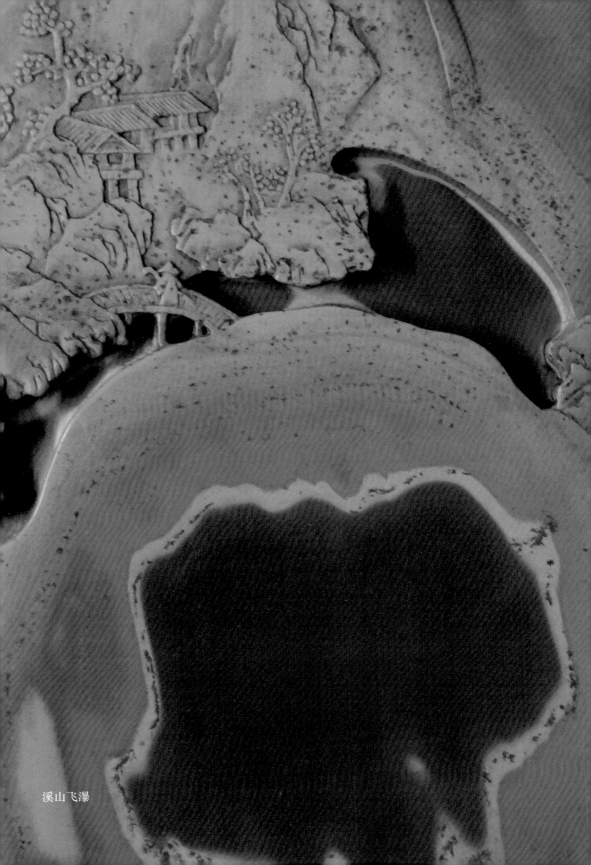

溪山飞瀑

刻砚，如何也不应只有浅浮雕或深浮雕，不应只能刻得如端砚似歙砚。砚林中的砚雕家，就像八大山人，就像石涛、郑板桥、张大千、齐白石、李可染等画家一样，应风貌各异，当各有不同。

有的人，刻砚只刻对称式砚，砚的形制非方即圆。看那图案，刻的只是细密纹饰，天天，月月，年复一年。有的人，翻来覆去，只好摹古，这月仿一唐砚，下月摹一宋样。砚上要的就是像，貌像，气息、味道也要一样。有的人，刻砚就讲究料好，没有上乘砚料，宁可不动刀，也不愿在一般砚料上凑合。有的人，一心只爱雕龙，给他端石、歙石、苴却石，带眼的或膘色的，他想的刻的都是那龙。有人爱做大砚，砚石越大越欢喜。有人喜刻小砚，一方方小砚刻得如诗如画，随石随心。

我刻砚，有一段尤好水冲石。我爱它的自然成趣天工鬼斧，喜欢它的浑然一貌朴质圆融。面对这样的砚石，我时常不忍下刀，会情不自禁心生浩叹。而一切的下刀，为的只是不雕去雕，离形后的得意。这样的刻砚，刻了很多却如没刻，功夫花得精深，但是和者稀疏，可我一往情深沉浸其中，乐此而不疲。

刻砚的路径，有人一心求雅，有人只刻通俗。雅径有如李白问月，俗道好比邻里呼应。刻砚，有人为利而刻，有人注重声名。刻砚，可以只讲物质，也可以独钟精神。刻砚，有人招兵买马办砚厂当老板，按批量接单，分批量生产。刻砚，也可以只刻好砚，就当个特立独行的砚艺家。一人一砚，读书，画画，写字，刻砚。一砚石相它几十天，一方砚刻它七八个月。刻砚，忽然觉得如《围城》里方鸿渐道出的吃葡萄，你可以专挑大的吃，由大吃到小。也可以先吃小个，由小吃到大。其中之不同，一在先甜后苦，一是先苦后甜。

刻砚的路径，或古远或屈曲，或孤僻或细窄，想那一路，深隐着先辈的理想，绵延着心田的美好。那一路，应不唯在继往，不会是一花独放，可以百花绽放，理当神妙各异。

九、刻砚，心痛不心痛在我

时常看到有些砚石，断续的外形，大小恰好，厚薄适度，凹凸得宜，更有那石品、石色，或点或染，布列其中，一见别提有多欢喜。而往往，这类砚石多混杂于人家房前屋后，或压迫在一不起眼的角落里，一时间，要不成，买亦不一定成，真是别有一番滋味在心头。

对于好砚石，我这等人往往不见则已，一见多是无法放下，久而久之，心里便聚了些隐隐之痛。

得遇好砚石，常会想到刻，手心会不时痒痒。

一块砚石刻坏，永远不再有。因为它不可再生。每天有多少砚石出世，我不知道，可以得遇的砚石，却一定是缘分。可是，那喜欢的看好的砚石，在人家手上，是人家的砚石，人家可以一天天让砚石在寒风冷雨中挣扎，在烈日焰阳中烧灼，那又怎样，人家爱刻砚就刻，想怎么刻就怎么刻，一直放在那就不刻，我能奈何？

可我是我，心痛或不心痛在我。

一砚石在手，终于来了灵感画出构思，天天念想着刻，可是总有这样或那样的事务让你无法马上就刻。这是刻砚的心恼。至砚终于刻出，但是这砚不及你原初的想象，与构想的距离遥远，此乃刻砚的心痛。

和人一同淘石，一看人家淘到上好砚石，想着自己如何没得遇，心真是痛。

砚石没刻之前，或是形好，或是质佳，或是色美，或是品稀，可是下刀之后，它可能成为一方稀珍之砚，也可能此后什么都不是。

有人带上砚石，来工作室请我看看。砚石一上手，端详那好得无法形容的砚石，我尽可能地压抑，尽量地表现得心静如水。可是，灵感在心痛的一瞬忽如泉涌般浮动，一下，我用毛笔勾画出设计，也就在画的刹那，我知道画的哪一笔适用于圆刀，哪一笔宜用平刀，哪一笔最好斜口，哪一笔用大圆刀最出效果，一下子，就那一下，刀似乎一一晃动在眼前，甚至于，那一瞬我已然看到刻好的成品。

可那砚石，毕竟是人家的，是人家要拿走的砚石。我不知道，经此一别，那砚石会遇到谁呢？若是让没刻过砚的雕刻，他没学过，怎知道如何下刀，何处该用什么刀，怎知道轻重有别，去留有法？

心如何不痛。

曾经，在万千的砚石中，有缘和某块砚石相遇，我在砚石上看见了雾的朦胧，青铜器的斑斓，春日里草尖上的露珠，溪山行旅的寂寞高古，石器时代的拙味纹痕。可是，随着不经意的下刀，或许顷刻，上好的砚石烟消云散。那一刻，相望已是面目全非的一砚，是我的砚石或不是我的砚石又怎样，反正，我的心里，注定很痛很痛。

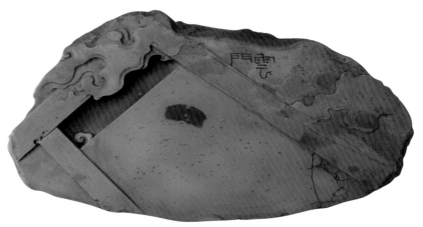

云门／2016年／俞飞鹏制

意会的门，意象的云。
直与曲，刚与柔在这交会。云，看着由门生出；
砚，亦由此渐次漫开。

十、得意岂止是忘形

刻砚的得意，多在雕刻。同一题材同一砚样，别人刻不出神采味道，你刻出了，这有多得意。

可有时，刻砚的得意，却在自我肯定。爱刻砚的老张，岁岁年年待在乡间，他不知怎么开砚堂，不了解如何打砚池，可是，他每天得意地刻着砚。他的砚，只刻一种题材，那就是飞翔的鸟，很大很大的鸟，有时，他刻在砚上的大鸟只有一两只，有时，一方砚上满满地都是大鸟在飞。那些鸟，飞向哪儿？是空中，是山里，是林间，还是大海，谁知道呢。

有时，刻砚的得意在赏砚者的认定。学砚的大李，用苴却石黄膘俏刻了一葫芦，没有制砚工具，不知怎么雕砚的他，找来废旧钢锯条，甚至于老旧的粗铁钉、薄铁片，磨出几把刻刀。坐在家中的窗台旁，戴上老花镜，他循着砚石上黄色膘石的大体走向，雕来画去，敲敲铲铲，终是把个葫芦刻得一派天真。爱砚的王哥看了欢喜得不得了，于是拉上我去看，我看了欣赏了并说了一通赞语，大李，怎能不得意不笑得乐呵。

婺源有个老艺人，刻得一手好砚。一次，有著名电视主持人来访。见到这位主持人，有的刻砚人停下了刻刀，有的站立起身以示致敬。可是这位老艺人不闻不问视而不见，依旧刻他的砚。令人意想不到的是，主持人特意来到老艺人跟前，恭恭敬敬地称他为老师，向他问东问西躬身请教，末了还提出要拜他为师跟他学艺。多年后，老艺人提起这事，仍是一脸的得意。

早岁学砚，跟随老师在一个工作室。老师，不时要教人刻砚。宾，云雕不好，常请老师帮忙；伟，牛刻得别扭，不时抱砚过来修

如来 / 歙砚 / 吴贵生制

砚，刻如来端坐云间。

云，或起，或生，或涌，或漫。
砚面及砚背，作者信笔由刀，

随刻许多形象生动、神态各异的
罗汉。

云，丰富着砚。砚，别来，隐
秘，神奇，自在。

改。老师动手刻砚，得意多不是在刻砚的当口儿，而是在改好东西放下刻刀之后。这时，老师多喜欢边喝茶，边和我们这几位后生聊点刻砚之道，如刻焦叶重在平中的不平，需注意大与小的相间、造型的起伏变化。刻荷叶，太空落的地方需注意添点实，太实的地方重在生出虚。

于我，刻砚的得意，有时在砚石。一块上好的砚石，形好质好品好色好，连砚石的凹凸缺失亦恰到好处，想这等只能随缘的砚石，此时真真切切独独美美就在我手上，如何能不得意？有时，得意在构想。应形随石，依材入砚，好的构想并非想来就来，说到就到。可恰就在这时构想来了，我怎能不高兴不得意？有时，得意在下笔。一支毛笔，时而可以达意，时而却不得要领，而得意时，恰也在毛颖那刻的得心应手，妙笔于是由此生花。

刻砚，得意在下刀的忽来灵性，在入砚的有如神来。刀在这时，已然不是性状分明的工具，而是另一个灵动的你。时而，你深入细理，在一个细微的地方汇聚神妙。时而，你不着痕迹，淡然浅出，如画家泼墨时的讲求意到。时而，你一如地只是浓墨重彩，大刀阔斧，生发的是你泉涌的才情。

刻砚，有人常得意于一砚卖出了好价，这样的得意，不时我也会有。可是更多的时候，我的得意在哪里呢？在砚石上苦苦追寻翻来覆去终于找到砚艺精魂的刹那，那时，深藏料石里的砚，已然隐隐显现，之后的得意，更在于我把砚凹入凸进雕刻出来。那时的得意，已不仅在忘形、忘砚、忘记用刀，甚至忘记我在哪儿。

十一、制砚，匠人与文人

（一）

制砚，能成为工匠的人，在我看来，至少是学会制砚并能够运用工具熟练制砚的一类人。

古代的砚，普遍地看，由工匠一刀一刀雕镂做出。

工匠制砚，是谈砚绕不过去的重要节点。岂止是节点，可以这么说，中国制砚的历史，就是手工工匠一代代层叠、累积起来的历史。

古代，工匠的地位尽管不高。但是，要成为合格的制砚工匠，和成为其他工匠一样，并非想成就能成。

有的人，因为某个机缘，通过拜师进入这一行业。但是，他学不进去，掌握不了这一技能，于是只有退出师门，另谋出路，连工匠也成不了。古代，亦有因为生活、养家、过日子等原因，进入这一行业的人。在这类人中，有的经过艰苦卓绝的钻研努力留了下来，成为师父门下的一把好手。有的，手艺是学到了，也能做点东西，但是工不精、艺不巧，逐渐地，这类人成为典型的浪迹在砚业里的"匠"。

在工匠中，当然也有这一类人，他们为手艺而生，生来就是个做手艺的人。这类人，或天生一双灵性的巧手，或心思特别缜密微细，或有异于常人的澄静，或聪慧颖悟天分极高。

古代，还有一类我们不能忽视的制砚匠人，这就是匠家子孙。古代，手艺的传授，向来有传内不传外、传男不传女的古训，正因此，匠家子孙，或就是砚雕技艺得以代代相传的一支重要嫡系。

万历通宝

　　这些出身各异的人，进入制砚行业。他们从学徒做起，一天天一遍遍反复做砚，技能因此越来越娴熟，手艺因此越做越长进。经过不断努力，他们之中，有的逐步成为工匠中的能手。制砚天赋、技艺、水准、识见高于一般工匠的人，成为远近闻名的巧匠，甚至是一代名匠。他们中的佼佼者，抑或成为某个朝代某个阶段推动砚雕技艺发展的关键人物。

　　工匠制砚的特点，体现在继承性。当朝继承前朝，师父继承前辈，徒弟继承师父。继承的重点：继承砚样、继承技艺。

　　工匠制的砚，比较多见的是重复制作的砚。比如，普通的长方形素式砚或圆形素砚。做这类砚，只需按砚的比例，比如将砚堂的大小、砚池的深浅、砚边的宽窄做出就行。这样做砚，事实上也不需要有什么思想。有的工匠，天天做砚，习惯以描摹为能事。描图形，摹样式，这些图形样式，或是祖师爷传下来的，或是别人，包括某些文人打稿画就，他只需按图施刀，按要求一步步雕出就行。

砚，历汉至宋，从发展的脉络看，制砚是由粗放到规范，由工细到精巧。在这一过程中，砚的好与坏和工匠的手艺好坏、熟练程度、禀赋有着千丝万缕的联系。

制砚的工匠，是的，他们有可能压根就没想过要为中国的砚雕技艺承载什么留下些什么，但事实上，是他们在承继着中国制砚的技艺，亦是他们在一点一点地发展传扬着砚雕技艺。难以想象，没有这些工匠，中国的砚史会是怎样的千疮百孔支离破碎。没有他们，今天的我们怎能知道端砚歙砚、怎能知道何为蝉形砚，何为抄手砚？

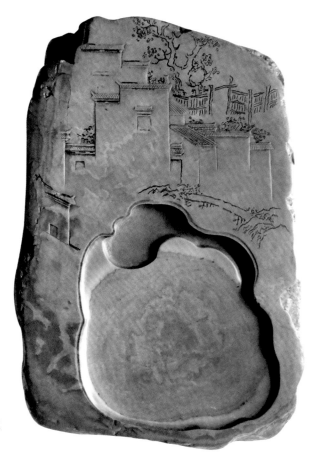

婺里婺源

（二）

文人和砚打着交道，砚是他们的一汪心田。他们的逆顺得失，啸傲拍岸，诗兴才情，报国情怀，多汇聚在这小小的砚里。他们和砚的这种日久天长的聚合，会使他们兴之所至走出书斋，来到制砚作坊，放下身段，学着操刀刻砚吗？

文人做砚，古代，可能还是有的。

不过，在古代，文人要去体验做砚，哪怕是浅尝，过过手瘾感受一下，也非易事。毕竟，古代不像今时，那时的交通"陆不通车水不舟"呢。

比如爱砚的老夫子东坡。他，要去试着做砚，首要解决的问题是上哪去试？是去徽州还是上端州，若决定好了上哪，接下来，怎么去什么时节去都要考虑。春日做砚，乍暖还寒，夏日炎炎，是否适合练手，这都是问题。

再说，文人真要面砚向石，一方一方亲力亲为地做砚，试试刀可以，做砚，哪怕是做一方砚，开堂，做池，起线，一步步下的都是邦邦硬的功夫，实在不同于他们游于心的纸上点染，随性墨象。

做砚，其一，要经由砚的形体结构关。这一关口，有做砚认知上的，有一刀刀的具体雕刻制作上的，要过这一关，在信息发达、电动工具广泛运用的今天，最快，也需要坚持练几个月吧。

其二，要经过材质关。不同的材质，对应不同的砚制，而不同的砚制，又体现在制作过程中的敲打轻重，下刀深浅，刀具的选用等。而对材质的辨识，绝非时间上的短、平、快所能企及。这一关，需要深入的、广泛的、大量亲历亲为的实践。这一阶段，耗个三到五年，甚至八年、十年都很正常。

其三，掌握状物关。刻砚不同于平面绘画。做砚，是用刻刀一刀一刀地表现物象。在这一过程中，雕什么像什么是基本要求。这

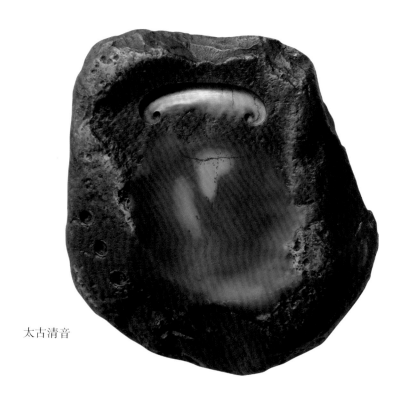

太古清音

一关，尽管可以与第一关同步进行，由于这一关需要绘画、造型、用刀、因材等综合知识，经由这一关，需要的已不仅仅是时间。

文人做砚，即便真做出了几方砚，我想最多也是个粗略的模样而已。哪怕，制砚的这人就是苏东坡本人，砚是他亲力亲为一刀刀做出，就那么蜻蜓点水般试一试，他能做得怎样，做出多大的变化呢？

有一制砚人，十多年前开始学做砚。做了十多年的砚，从数量看，砚做过不少。现在看他的砚，开池起线也好，雕刻状物也罢，仍是不时出现问题。他做砚的手头功夫，定然有，可是做了十多年砚的他，现在仍不能说，他的砚可以做得怎样，能做得怎么样。

况且，在古代文人眼里，制砚不过小技尔。他们愿花多少心思、能下多大的气力为这等小技呢。

十二、层面，工技

（一）

做像一方砚，是刻砚的第一层面。

此一层面，刻砚者对砚的池、堂、边有初级认识，知道砚的构成大貌，对所刻砚石有初步了解。制砚，能按步骤、要求进行。对砚雕工具，比如打刀、铲刀、雕刀的分工及使用方法有基本掌握，对圆刀、平刀的性能有初浅感受。

这一层面，下刀常常飘浮无定，指东打西，刀多不能吃住砚石，难以往要求的深度、方向走。这一阶段，砚的池、堂虽然开出，却常常开得不太顺畅。从雕刻上看，雕了许多，自己却不明白

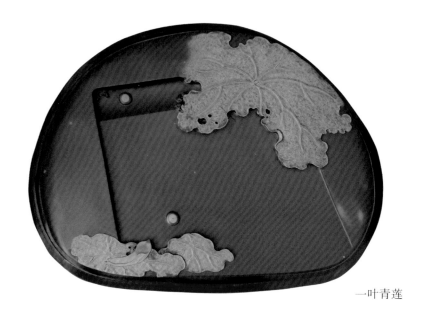

一叶青莲

雕了什么。做好一根线条难，打平一块地方亦难，往轻里下刀，刀下无物，往重里下刀，相去甚远。

这一层面，砚只是像砚，通称像砚阶段，亦称砚雕的学徒阶段。

刻砚的第二层面，是形象层面。

这一层面，先是初级形象阶段。这一阶段，制砚者所雕的砚，有可能是砚达到了像，也可能仅是图案达到像。步入中级形象阶段，制砚已近熟练。对熟悉的题材、图案可以自画自做，有的已可以雕些不同题材。有的做出的砚已分明是砚。进入高级形象阶段，砚上的物，有的已雕得接近准确，砚，已有端方之相。

在砚林中，很多人可以行到这一层面。进入这一层面的刻砚者，重复做着熟悉题材的有之，一天天陶醉在形象天地的有之，一心追求雕刻功夫，想着刀下的东西如何更细腻的亦有之。

形象之境，刻砚，多只刻到像和细，只能做到比较客观、细腻地雕刻物体，描绘物象，砚中还无我或少我。由这一境再往前行，每行进一步都很艰难，或因为这，在砚林中，不少人一生停泊于此。

心象层面，是刻砚的第三层面。

心象层面，砚由是砚阶段步入不仅是砚阶段。行到这一层面，制砚者的砚算是雕到了有我之境。这时的砚是砚，但砚中自有我在。砚中所雕的山水，是客观的山水，亦是作者心中的山水。这一层面的砚，自觉或不自觉地融入作者的心性、思想、情怀、素养，等等。

由心象层面砥砺前行，步入的是无我层面。

心象层面，看山，山皆着我色彩，观水，水皆随我心潮。无我之境，犹如看山不是山之后的山还是山，水还是水。无我之境，达到的是不知砚中何为我，何为非我的化境。作者相石制砚，与石对话，可以在砚石中自由自如地创作，手中流出的砚不再拘泥于刀工技巧，而是大巧中的不雕，是自然之后的而然。作者与砚相通互融，做砚随心所欲，有感而发。人与石，砚与人能天人合一，融入化境。

（二）

制砚，在制。

制，需要技作为支撑。

譬如将一块不平的砚石打平，有人忽深忽浅，打来打去总是凹凸；有人，下刀畅快，三两下便平了。

如何着刀，何时轻捶，何处重敲，从砚石的哪个地方下，有技之人，下刀总是适度，刀下处，砚石的浮料落去。

谈砚，技是绕不去的话题。

学砚，技是学的起始。刀要握平，如何才平？执刀要稳，何样才叫稳？敲击，如何敲正，敲击的轻重怎样把握，如何能敲得恰到好处不偏不倚？有初学者问，开砚池打砚堂，刀常常被打出缺口，这是为何？解决这一问题，一要掌握好刀的质性，二要了解砚石的石性，三要调整好自己的心性。做到这三点，最直接的方式，无非是多动手，多操作，多实践，熟能出真知，熟而生巧妙，一旦人和刀熟了，知砚料识砚石了，心中有静气了，这些问题便迎刃而解。

刻砚人会制砚，不过是会、能制砚，从能制一些砚，到善于制砚，多少就有些不同了。我们的砚林，会制砚者众，能制砚的有，敢说自己善于制砚的，还不多。

新近到婺源，在一家砚店的二楼，我一个人，在那静静看了一批砚。那些砚，给我的印象，见工、见细，力求刻到一丝不苟。比如雕人刻物，刀，看得出下得精致，入得细理。刻一根线，你见到的是或直或曲忽长忽短的线，那些线已不像刻出，而如工笔画家一笔笔画就，砚上只见线的动静、扬抑，几乎见不到刻的纹痕。且，留驻我目光的不仅在技，还在那些砚彰显出的构图上的推敲，创意上的独到，雕刻上的意匠。

这些砚告诉我，做砚的这人，是个用心做砚的人；这人，是在做砚上有想法、肯下功夫的人。

做砚，要用手做，讲手头功夫，是个讲功夫技能的手艺活儿，这活有粗，有细，有精，有绝。大家都在刻砚，人家刻东刻西，刻得像，你刻，如何也能刻像，如何还能比别人刻得更好、更像？别人下刀精细，你刻，你的下刀如何能超越别人，刻的一应物象，能比别人更加见工精，得细腻？

做砚，得知道一砚如何构筑，怎样形成，知道在何处开一砚池，怎么开，开成怎样的深浅方圆。又比如刻，何处该多刻，何处点到为止。得了解你手中的砚石，贵在能无中生有。得了解砚的源流演变，兄弟砚种间的手法特点，高手如何，水平怎样。制砚，需要多读书习绘画，学的目的，一定不是为了日后的因袭、重复，而是为了创造。所以，上升到一定层面看，制砚的功夫，又不仅在手头的技。或因此，看得见摸得着的实在工技，常被人小视，比作雕虫，贯被人漠视，讥为小技。

技，行到一定程度，会泥于雕，执于刻。升华的技，在下刀如毛颖的点染挥洒，能尽去技的刻痕，脱去技的习气。

学做砚，刻砚人多会经由从无技到有技的阶段、从有技到追求绝技的历程。人说艺无止境，技，我想也可谓无止境。尽管优秀的砚刻，在技还在艺，是技艺的完美结合。尽管，一个刻砚人，技怎样不一定意味着砚怎样。还尽管，技不是刻砚的全部。但是，技如何、技怎样，多少会影响你手头的作品，甚至在某种程度上会影响作品的层面、高度。所以，要做一个砚家高手，历技的锤炼、重技的滋养，关键，还至要。

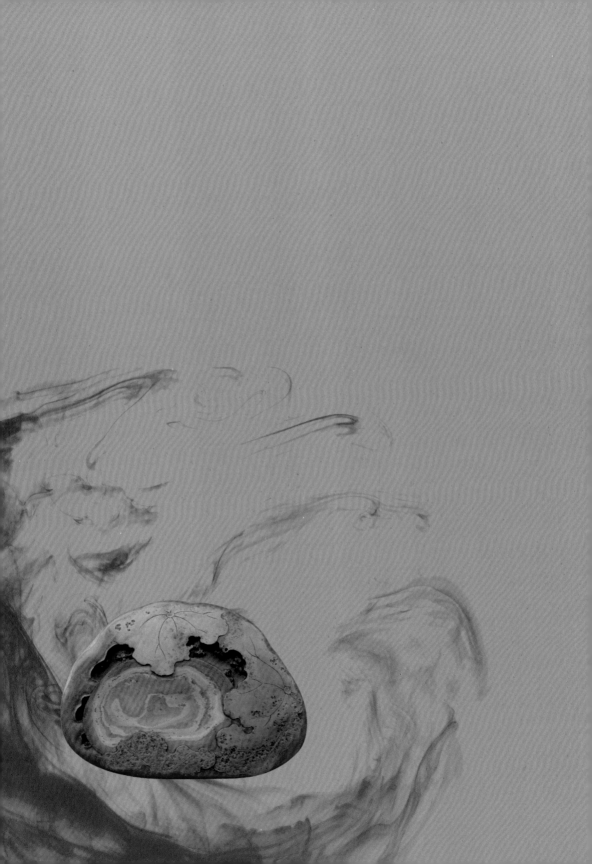

藏砚

一方佳砚，你有而人无，寻遍这个世界，此砚只在你手上，一个中妙味，得来或就在一藏，一遇，一念之中。其间的兴奋，颠覆，疯魔，痴狂，迷醉，如何言说也难以道尽，这就是藏砚。

砚被誉为文房重器。

古人出门赶考或异地为官，砚是需要携带的实用物之一。想唐人李太白斗酒之后，诗兴勃发，身边没有笔砚，如何是好？孟夫浩然，于春眠不觉晓处处闻啼鸟之时，想他的书案上，怎会没有爱砚临窗？还有那尊崇着古训，认为万般皆下品，唯有读书高的文士书生，他们兴来之欣欣得意，兴去之消沉无奈，相随相亲不离不弃的不多是砚吗？

在笔墨纸砚文房四宝中，砚，素以品性坚润，传万世而不朽，历万劫而如常，留千古而永存之风范，备受骚人韵士的珍爱。难怪乎，论到砚，古人有一日相亲，终身为伴之美誉，有一砚案头，纵横天下之豪迈。

古代，文士之爱砚，堪比武士之爱剑。

宋人东坡以砚喻田，将砚比作自己的衣食父母。同样是宋人的苏易简，写了一本《文房四谱》的书，他说："四宝砚为首，笔墨兼纸，皆可随时收受，可终身与俱者，唯砚而已。"

一、砚的价值形成与藏砚的几个阶段

有人藏了很多砚，几多呢？数百方吧。这些砚，有端砚、歙砚、苴却砚、松花砚，有洮河砚、澄泥砚，砚种多样，题材多样。看这位爱家的砚，开初，我一一地看，继续往下看，心绪却是大减，不少砚，晃一晃便想过，为何？因为这些砚，有的仅仅是数量。

一次，在合肥参加砚的研讨。有爱家给我看了一方名砚，一般般的砚，因为石出名坑，生有名品，此砚被他花数万元买下。看到这砚的人说，这砚值。从值的角度上说，这砚，砚石是名坑，砚石上生有名品，就目前市价看，也值。爱家想听听我的看法，我这样说，值或不值，看收藏的角度、方向。以砚石论，这价，不能说不值，从藏砚看，这就没什么价值。因为，砚平常。

一方砚的价值，来自作者、砚石、创意、砚功四个方面。

作者，一方砚命脉的决定者。制砚，不同的层面，对应不同的作者。有的作者，制砚的水准走到了高层，有的还在起步阶段。不同阶段的作者，对砚的认识不一，工精与巧妙不同，做出的砚也就有了层面、价值的不一样。

砚石，体现一砚的基本价值。

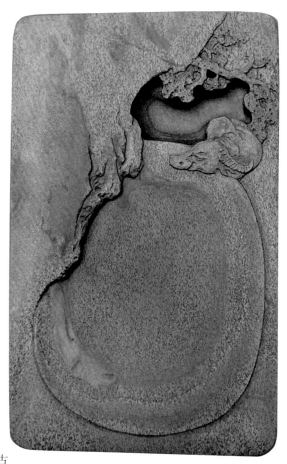

山静似太古

砚石，有好与不好，有优劣高下，有老坑、新坑的不同，有名贵稀品与一般石品的差别。

同一块砚石，不同的人会有不同的创意。同一作者，由于对砚石认识深浅度不同，对砚雕艺术的掌握、学习、了解、运用程度不同，因而，出来的创意会不同。不同阶段，同一作者，创意也会出现不同。还有，同一作者，此一时或彼一时的灵感心态不同，出来的创意仍有不同。

功，是制砚功力的具体呈现。

不同的制砚功力，体现出的功不同。同一个人刻的砚，功亦不尽相同。功，从一个制砚人的成长看，也有阶段性。初级阶段，功是学砚时的学像之功，这一阶段，一方砚上看不到什么雕刻功夫，因而也见不到什么功。中级阶段，下刀见功，有些砚能见到如工笔画样的精细刻工。这样的工，是进入砚雕师一级的功力，功夫。再往上走，功，体现在砚上的是见自然的功夫。

好的制砚，那砚分明下刀雕过，但雕过的地方不做作，得自然，具的是人石互融，天人合一的功。

藏砚，有这样或那样的起始。

比如喜欢，比如好玩，比如朋友喜欢，跟着朋友买一两方砚尝试一下收藏，等等。

以新砚说，就阶段看，从看砚石开始，能看出砚石是否有毛病，看出自哪个坑口，看老坑、新坑，能辨出砚石的好坏优劣。在认识砚石的同时，兼而对砚的刻工有初步的认识。此，我们可视为藏砚的第一阶段。

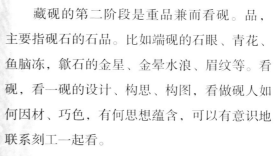

藏砚的第二阶段是重品兼而看砚。品，主要指砚石的石品。比如端砚的石眼、青花、鱼脑冻，歙石的金星、金晕水浪、眉纹等。看砚，看一砚的设计、构思、构图，看做砚人如何因材、巧色，有何思想蕴含，可以有意识地联系刻工一起看。

藏砚的第三阶段，重砚亦重石。

重石，在这一阶段，重的不一定是石上必须要有什么，石不一定是名坑稀石。这一阶段的重石，重在偏爱的、和自己能对上眼的那类石。

重砚，具体说，重什么呢？其一，重看制砚的功力，渊源。有功力的砚，做线条，开砚池，打砚堂，定然学有渊源，一招一式严谨而见尺度。从整体看，凹凸、比例、造型、状物，手法恰当而到位。其二，重看砚的独创性。好的砚，建构在传继基础之上。它是砚，但不再是流于一般的、古人做过市面常见的、陈旧题材加上陈旧手法的砚。

藏砚的高级阶段，在藏砚。

认砚而藏，藏的是砚。认砚而藏，那砚，不一定拘于用，不一味拘泥于形，不纠结于是否老坑石、名贵稀品，不唯求端砚的鱼脑冻，歙砚的雁湖眉，苴却砚的石眼有多少。那砚，可以不看什么头衔、名气。那砚只在砚，在砚本身的成砚如何，内涵怎样。

二、藏画与藏砚

早年，北京有位供职于银行的陈先生，听人说齐白石的画好，于是，也想买一幅收藏。

适逢周末，陈先生决定去一趟齐白石家。

一路，看到不少画店，什么江东泼墨一虎王，天下独一牡丹张，什么赛唐寅，入云龙，等等。这家那家画店，不时人进人出，甚是热闹。画店伙计，看到陈先生，都在招手，陈先生想，既然这么热情，人气还旺，看看就看看吧，反正是周末，有的是时间。于是，他进入画店，这家进，那家出，边逛边看起画来，他看了不少画，那些画，有楼阁山水，有古典仕女，有竹石梅花，也有虾、蟹等。

看一路，走一路，终于到了齐白石家。进门，见一老头坐在那，孤单单的，看那样，像是帮齐白石卖画的伙计。墙上，稀拉拉挂了些画，相比之前画店所见，这里的画普遍较小，画的题材，要么是鱼虾，要么就是小虫小鸡，单调得很。陈先生看了看画，又望望老头，开口问起了画价，一问，比起刚才画店的画，这里的画价要高很多，可谓又小又贵。

陈先生说，老人家，你是帮齐白石卖画的吧，我是特地过来买他画的，价，你就别喊那么高了，照实价说吧，一幅小画，价喊得那么高，你到外面看看，人家的画比齐白石画得大，价可是低多了。

老人说，价，说的是实价。不过，你说的也是实话，的确，都是画，别人的画又大又便宜，齐白石的画又小又贵。

陈先生说，你让齐先生画点大画嘛。

老头答，说啦，他说画不来。

陈先生说，对嘛，他连大画都画不来，大画大价钱，看这画，这么一点点大，价钱还老高，人家大画才卖那么点。他这画太贵，真是太贵了。

老头说，是的，说的也是，不就一幅画吗，是贵了点。要不，你再去别家店看看？

陈先生听罢，想想也对，就买一幅画，凭什么一定买齐白石的？

走出齐白石家，三转两转，陈先生回到原先的画店，之后，他选了一幅大的画，买下了。

如今，藏画的陈先生与画家齐白石皆已作古，当年，和陈先生对话的老人，是否就是齐白石本人，现在已无从考证。

陈先生收藏的大画，时至今日不见起色，而齐白石的画呢，现在有钱也未必买得到了。他的真迹，如今早已堪比黄金。

以画看，齐白石的画，少见大山大水的宏阔，稀见浓墨重彩的渲染。他的画脱去流俗，另辟蹊径，自成一家。齐白石的画，画的多是小画，是他画不来大画吗？定然不是，是他不知道大画好卖？更不可能。齐白石画画，只画心中所想，画自己认为大小适宜的画。

藏画，好与不好，不在画的大小，不在价格贵贱，而在你买得对与不对，对才是关键，对才最重要。

藏画的道理，如今，很多人已明白。

由藏画，我想到了藏砚，想到形形色色的藏砚人。

藏砚，你可以重一砚的石，可以重一砚的技，可以重一砚的品，还可以重一砚的艺。藏砚，无论怎么说，最终你想藏的是好砚，而好砚的至要，在石、品、技、工、艺之上的思想蕴含。

砚价有高低，就像画价有高低一样。砚也有大小，一如画有大小。面对五花八门的名坑名品，或细密镂空，或好看热闹的各式砚作，你是专挑大砚买，还是只认低价收，还是只买对的，只认对的藏呢？

三、古砚、今砚，徽宗御用砚

（一）

有一砚，说是出自明代，刚拍出，成交价为138万元。

我囫囵看了一下砚的图片。囫囵，在于我对拍卖不甚了解，不知入拍的砚如何安排鉴定，如何拍卖，拍，需经怎样的流程。囫囵，亦在我对古砚行情的缺乏了解。不知道时下的古砚，唐砚价位如何，清砚价格怎样，古砚拍卖，最高的价，已高到什么程度。高，又都因为什么高，都高在哪，是皇家用砚、名人用砚高，还是古端、古歙高？

囫囵，还在于我太专注于新砚。毕竟古砚离我遥远，新砚正在雕刻。新砚，价，又是如此不高。

古砚，是古人一刀一刀雕刻出的砚。想刻砚的古人，采石全靠手工，千夫挽绠，百夫运斤。篝火下缒，以出斯珍。这样历尽千辛万苦开采到的砚石，也只是石呢。由石到砚，还要经裁切、粗磨、相石、打稿、雕刻等诸多工序，始成为一砚。

于古砚，我在多个场合多篇文章谈过一原则，即只要不是赝品，价位合适，能买就买下。理由一，古砚只会越来越少。理由二，目前的砚价，还没经过轮番炒作，可谓趴在地上的股票。

有人问，这方成交价为138万元的砚，贵不贵？这要看如何比怎么看了。君不见，当代画家，一幅画可以卖几百万元、上千万元，当下一些细小的玉石雕件，千万元一件的也不在少数，还有，一把新紫砂壶，动辄一两百万元的多了，一方古砚138万元，贵，能贵到哪里去呢？

　　贵与不贵，关键还在砚。此砚若是古砚，当有它的独具价值。
如是赝品，138万元，就不是贵或不贵那么简单了。

啸

（二）

一方砚，高下如何，在砚性、原创性、独到性。技，要看功夫，艺，着重于艺术表现。而思想蕴涵，决定一方砚的高下文野。

有人花10万元，买下一方新砚。

砚，雕的是观音，大小如办公桌，上有石眼192颗。

以观音为题入砚，前前后后，我见过多方。以我看到的说，入砚的观音形象，大多来自观音图谱或画家的画谱，比如画家华三川，徐有武画的观音等。这样的砚，做砚人之所以一做再做，是因为这类题材喜爱者众。这一方砚，估计也是做出不久，就被买下了。

藏砚人说，他爱砚，时而也会收藏几方砚。见到这砚有那么多的石眼，一下惊住，当时便买下了。

此砚，从砚石上看，有石眼192颗。观音形象，雕刻者做的仅是搬运工作。从雕刻上看，如何正确做砚，将平面的画变成雕刻，技术还较生涩，还不太熟练。

砚是人做的。藏砚，我以为，着重在做的砚要好，在砚的思想蕴涵如何，艺术价值怎样。此砚，尽管石眼众多，从藏砚角度看，作者藏的只是砚石价值，缺失的正是艺术价值。

（三）

启功爱砚、藏砚，不少人知道。但是，爱砚的启功，对砚的大小怎么看，知道的人不多。

有砚厂，托朋友请启功先生题了两幅字。字，题好了，厂领导想送方砚给启老，以示感谢。可选什么砚，选多大的砚，犯难了。砚送小了，怕启老觉得小家子气，大，又不知多大的砚才算大。思来想去，领导感觉，还是托朋友出面了解一下。

这天，朋友回电话过来，说，给启老的砚，书本大小就可以了，大砚或过大的砚，老先生是一定不喜欢的。曾经，就砚的大小问题，启功老先生接受媒体专访，老先生说，砚有砚的大小。时下的人，以为砚做得越大就越好。岂不知，越做越大，已经不像在做砚，而是在做杂耍了。

那么，书本大小的砚，应是多大的砚呢？这砚，约是普通杂志的一半大，按厘米说，长度应在二十厘米左右。这样大小的砚，从古砚看，可谓适度，今人眼里，多被视为小砚。

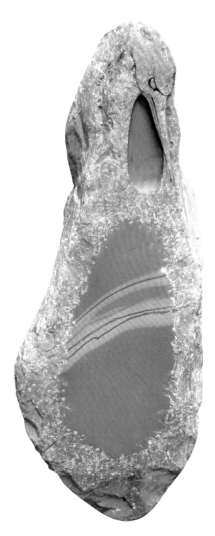

鹤立／2012年／俞飞鹏制

石，形立式，上手一会儿，便想刻。砚，亦工亦写，自由点染。池、堂，形、面，各有佳妙，于机变中见神绝。

（四）

宋人爱砚，不假，爱到何种程度，自是花样百出一言难尽。

此段古远砚事，曾经，我一看再看，一想再想其中的是非、真假。现在，是非真假早已不想，不过，心头还会不时浮现那两位痴砚的宋人。

米芾（1051—1107），北宋书画家、鉴赏家。书法与苏东坡、黄庭坚、蔡襄齐名，合称宋四家。

米芾爱砚如痴，撰有《砚史》一书，世称"米颠"。

宋人《春渚纪闻》载，一次，宋徽宗要米芾书一大屏，米芾应招入宫，因为没带笔砚，于是宋徽宗恩准他使用御笔、御砚。米芾展纸挥毫，笔走龙蛇，一气呵成，很快写好了字。宋徽宗看罢龙颜大悦。这时，早已瞄上御用砚的米芾趁机双膝跪下，捧着御用砚对皇上说："皇上，此砚不应再受皇上恩宠了，因为，此砚方才已被臣下污染了。"皇上闻此说，会意地大笑起来，随即将这方砚赐予米芾。

米芾欣喜若狂，千恩万谢后，抱起那砚跑了，砚中余墨洒洒染染，搞得身上到处都是，亦全然不顾。

这方御用砚，米芾到手后，闭门谢客，抱砚于怀，足足睡了好几天。不过好景不长，没多久，砚神奇地又从他手中开溜了，这是怎么回事呢？

宋人另有笔记记载：米芾得到御用砚后，一天，美滋滋地和一人说了，这人姓曾名祖，是米芾的好友。米芾对曾祖说，自己新得一砚，天青朗朗，滋润如玉，朝夕摩挲，百看而不厌，真可谓世间至宝是也。曾祖不以为然，说：你呢，虽说有博学广识声名，但是，就收藏的宝贝看，可以说真假各半，不怎样。至于砚嘛，之前的砚也就一般般，没几方入得了流上得了品的，此砚究竟如何，不能只听你吹嘘，待我哪天过来看看。

米芾和曾祖关系不错，曾祖到米芾那，看到喜欢的法帖字画，随时要，米芾随给。

这天，专为看砚，曾祖来到米府。

看到曾祖来了，略作寒暄，米芾转身去书房拿砚。曾祖知道，米芾有洁癖，看到米芾拿砚去了，他跟着起身说，为了表示我对这方御用砚的尊重，我也动动，先去洗洗手，把手好好洗它几遍然后再看砚。

砚拿出，曾祖一看，眼睛便转不动了。

曾祖拿着砚，看看，再看看，翻来覆去，之后便不停地连连叫好。曾祖说：这是我在你这里看到的最好一砚，此砚，实不愧为御用砚，的确堪称尤物、稀世珍品，确实不错，难得一见。

顿了顿，曾祖又说，不知研磨如何，发墨怎样？

米芾说：我试过，可谓研磨静无声，发墨如油泛。这样，我去取点水来，你试试。米芾边说，边起身去取水。可是，就那一会，等不及的曾祖，随口在砚上吐上唾沫，用手指划拉着试研了起来。

这下，米芾定在那，愣住了。

米芾的脸一瞬间拉得很长。米芾对曾祖说：对这方御用宝砚，你怎么可以这样，怎么能先表现出十二分珍重，之后又如此不敬呢。

曾祖吓了一跳。

米芾说：这砚，实在不可复用，你拿去吧。

曾祖说：对不起，我没想到，不是故意的……说完，曾祖匆匆告辞，离开了米府。

没过几天，有洁癖的米芾，派人把那方砚送到了曾祖手里。

米芾巧得的御用砚，就此，流转到了曾祖手上。

四、藏砚，藏端还是藏歙

一方砚，藏，仅是砚石，就有子石、毛石、山坑、水坑之别。

砚石，还分新坑、老坑。新坑，价值总是低老坑一头。老坑呢，价值高，在高的里边，还要看出自哪个地界，石出哪个名坑。

都是龙尾石，可是这石那石，能分得你云山雾罩眼花缭乱。龙尾山有石名桥头。桥头，顾名思义，可称作桥头的，应是一桥的这头或那头。可是，龙尾山的桥头指的是哪座桥，桥的哪一头呢？若，靠近桥头的是桥头石，稍稍远那么一点还是不是桥头石？更有，稍远是多远，是一丈之内还是两米？

藏砚，藏端还是藏歙？向来我不爱选边站。藏砚，可以非端即歙，或端或歙，也可以有其他选项。比如，不一定就是藏端砚或就是藏歙砚。

爱端砚的，总能说出藏端砚的许多理由。爱歙砚的，一样。

渡／端砚／杨智麟制

砚的正面，刻一菩提叶，巧为池、堂。砚背，应材，随石，留皮，巧用，刻人物、山涧、流水，手法传统而工精。

观蟾／正面　　　　　　　　观蟾／背面

这理由，不外乎：一、端砚石、歙砚石资源匮乏，物以稀为贵。
二、开采艰难。因为资源匮乏，要开采一块上好砚石，已是非常艰
难。三、制作不易。制出一方好砚，需要经由很多工序。四、石质
优异。爱端的、喜歙的都说端、歙石是最优异的砚石。五、石品稀
绝。端有鱼脑冻，歙有对眉子，端、歙的石品都很珍贵，都十分稀
缺，等等。

端砚历史古老，名重天下。古代产出的端砚，有上好的佳品，
也有不好的庸作。今砚，一方方端砚看去，也非砚砚都好。况今人
藏端砚，兼顾得多，要看藏的是何样名坑出的端石，不仅要看石出
哪里，还要看石质怎样，石品如何，作者是谁。歙砚起始于唐开元
年间。藏歙砚，砚石亦有这一坑和那一坑的不同，有金星石、眉子
石、水波纹、鱼子纹的各异。刚学会制砚的学工，用歙石做的砚是
歙砚，做了几十年歙砚的老砚师，一刀一刀精心雕出的也是歙砚。
这里面的别异形如天地之别异，藏谁的，如何辨别，怎样收藏？

藏砚，石是石，砚是砚，砚石再好只是砚石，石品好不等于砚
就一定好。藏砚，关键在砚。藏砚，只要藏的砚好，可以是端，可

以是歙，亦可以非端非歙。

砚，是人与石的合二为一。砚石是天生的，砚石的形、质、品、色，可以影响到一砚的好或不好。砚，不雕不称为砚。所以，一方砚，具怎样的高下优劣，起决定作用的还在制砚那人。

衡量制砚人怎样，重看两个方面。其一，看制砚的砚内功夫。砚内功夫，指的是雕刻制作上的功夫，一方砚的砚内功夫，以大的方面看，在整体造型的功夫。以具体观，在开池、作堂、起线的功夫，亦在雕山、刻水等方面的功夫。其二，看这人的砚外功夫。制砚的砚外功夫，着重在学养层面。比如，一方砚呈现的韵味。一方砚流溢的书卷气。一方砚的素朴文心，一方砚的不著一字，尽得风流。技术层面的砚，比的多是刀工，技巧，细微度，工精度。而砚外功夫，比的却是制砚人的见识，学养，境界，文心。

制砚，从砚形的画切磨铲，到开池、做堂、起线，再到具体雕刻砚上的图饰，这些都需要制，离不开制。可是，制砚制到一定程度，砚又不仅仅在制，不可以一直泊于制。砚林中的很多人，一生重于刀工。他们倾其一生做出的砚，大多停留在制，泊于刀工技巧层面，具的只是砚内功夫。这样的制，端砚有，歙砚有，其他砚种亦不乏。

高层面的制砚，砚内功与砚外功兼具。这样的砚，在构筑的不同，在雕刻的别出；这样的砚，讲独创，见斯文，是学养、思想兼得的砚。

藏砚，藏端砚也好，藏歙砚或其他砚也罢，只要藏到这样的砚，可以想藏就着手藏，爱怎么藏就怎么藏。藏砚，我们不必非端即歙，厚此砚，薄彼砚。藏砚，只要藏的这砚有扎实的砚内功，具匠意、韵味、学养、文心，那么，我们就不一定看它是否为端砚石，也不一定看它是不是歙砚石。一流好砚的好，尽管可以好在砚石，但，一定不仅在石。

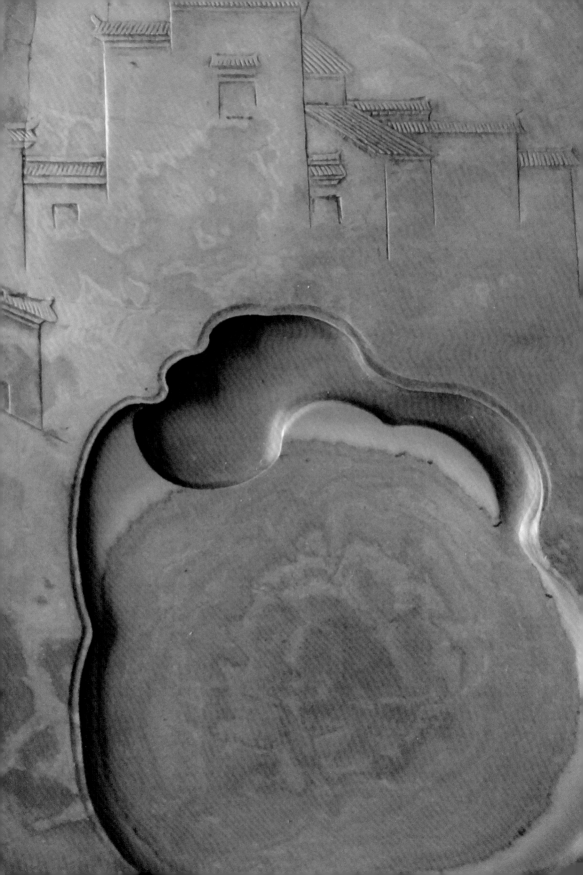

五、假如我藏砚

藏砚，有人就认石品。只要石品好，比如端砚有鱼脑冻、鸲鹆眼、青花、天青，歙砚有金星、金晕、雁湖眉、对眉子等，即便池、堂开得差点，雕刻工艺一般，有无艺术效果等似乎都无所谓。

有人，藏砚就认老坑。一方砚，刻得好不好在其次，只要石出老坑，就可以掏钱买下，藏起。

前不久，向人荐一砚。那砚，形天成，构筑独特，雕刻简约，整体淡雅。这样一方砚，制砚人并非想做就能做，而是能出一方是一方。一是这样的砚，基于这石，源于这形，灵感由这砚石生发。二是因为灵感契合了这一砚石，加上当时的心境，下刀舒畅如有神助，于是才有这一砚的产生。换一石，依另一石形，制出的砚，当是另一模样。可是，就因为不是老坑砚石，这人最终没出手藏下。

假如我藏砚，如何藏呢？

若一方砚，雕刻能体现真功夫、硬实力，首先我会喜欢。若构筑，因材，品位，意象都好，我自会更加欢喜。假如我藏砚，我会对某类砚或某个刻砚人做些专门研究，之后，会认定某类砚或某个人的砚，选出精品力作收藏。这样的藏砚，好在收藏时不轻率下手，贵在藏得有讲究，有侧重。

传统味道浓郁的砚，当下越来越少见，是因为掌握传统制砚手艺的人，事实上越来越少。所以，我要藏砚，对这类传统手工、一刀刀雕出的精品砚，会选些收藏。

古砚，假如我收藏，只要确定是古砚，我的观点是有实力收藏就不要犹豫，看上了就果断藏。

新砚，遇到形态样式可人，构筑雕刻别出，石品石色恰好的，我会优先考虑收藏。一般砚，于我，则是可藏可不藏。

藏老坑石的砚，尽管很多人在藏，我不会跟风盲目收藏。

藏名家砚，视情形度定。时下，拥有这样或那样头衔的名家不少，鱼龙混杂真假莫辨。我以为的名家，不是名声大，没实在功夫的那一类人，更非头衔大的就是名家。我藏名家砚，在砚，归结在艺术怎样，最终看作品决定。

我认为的名家，第一，作品不泊于一般的巧用色品，做着很多人都能应付的东西。第二，不会一如地唱着古老歌谣，陶醉于古人天地，沾沾自喜地重复着500年前甚至800年前的砚样。第三，有自己的风格、个性、符号、色彩。可以用自己的手法解析砚，表现砚。第四，制砚讲创新。刻的是自己的理念、思想。

好的刻砚，不拘泥于好石品、老坑料。好的刻砚，脱去了一般人津津乐道的砚石话题，直奔刻砚本身。好的刻砚见得到线；一般的砚，还不知道用线。好的刻砚有构筑；普通的砚，只做到了有构图。好的刻砚不拘成法，自成风格，风貌独具；一般的砚，仅是在过去的成法里转悠，还没有自己的面目。好的刻砚，语言洗练，是简约中的不简，是尽去工艺、脱去堆砌的艺术化的砚雕；一般的砚，不过就是文房里的用具而已。砚雕，我说过可以不艺术，可以就是有稀绝石品的雕刻品。好的刻砚，是艺术性的砚雕，是称得上砚雕家的人独出心裁的砚艺作品。而这样的作品，当下砚林实在稀少。

我不看好的藏砚，一是没特色，不古不新。一方砚，张三能刻，李四能刻，这一地那一地都在刻，这样的砚，不必考虑藏。二是所刻之砚，图式、面貌是他人的，无须藏。三

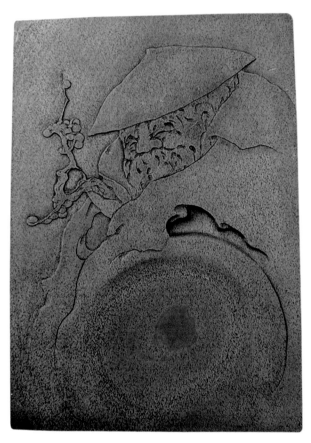

踏雪寻香

是刻得四平八稳，说过得去但说不上好的一类砚。这样的砚，可以下手买，但是没必要着手藏。四是重复复制，反复出现的一类砚。

刻砚，很多人都在刻。

刻大众喜闻乐见的，或刻你心中所爱的。只刻老古董、过去式，或一味地刻他人所未见，刻当世所稀珍。或只做好卖的，或只雕砚艺作品。怎么刻，好或不好，行或不行，砚总是一刀刀雕刻出来，只是，有人这样雕，把砚雕成了这样。有人那样雕，雕出了另一模样。

砚林中，有人专事复古。古人怎么雕，一是一，二是二，全按古人的模样办。古人怎么刻砚边，他怎么刻。古人公式化的砚池、砚堂，他依样画葫芦。

有的刻砚，早已不管砚池、砚堂，只往花花绿绿里做，乐此而不疲。有的人，做砚讲究干净，从下刀到磨制，认真仔细，一丝不苟。有人讲究工细，一方砚总怕刻得不细腻，于是细了又细，越刻越细。

有人爱刻大作。记得有一方砚，砚石巨大，雕的人珍爱得很，特地请我去看，说为了做这方大砚，他花了多长时间，费了多少心力。他在那砚石上，刻了多件古器。那些个古器，要一个个在砚石上凹凸立体起来，雕刻可想而知，要去掉多少浮料，耗费多大力气。

因材，在有的人看来，也就是好砚石雕好点，差砚石，一般刻刻就可以。砚，怎么刻，不过是一砚，刻不好怎样，刻得好又怎样？刻砚，是的，你可以怎么想就怎么刻，可以只承前，只继往，也可以有所启后，开创未来。

刻砚是一种态度，藏砚也是一种态度。假如让我藏砚，我会独持偏见一意孤行地就认砚藏。

六、买砚与藏砚

买砚，寻个有砚卖的地方，看到自己想买、可以买的砚，买下就是了。

相比藏砚，买砚要轻松得多。买砚，只要愿意、喜欢，囊中有钱，什么砚都可以买。

以砚种看，目前卖得贵的砚，主要是端、歙二砚。书本大小的端砚，砚石出自名坑，砚上有名品、稀品。这样的砚，5万元上下是基本价。歙砚，在价位上虽不及端砚，但是近几年升得也快。前几年，写《歙砚：吴楚清音》时，有婺源刻砚同行，拿着一块书本大小的砚料请我猜价，不猜不知道，这样一块龙尾石，20世纪80年代也就20到30元，现在价位已逼近3万元。

一般来看，买砚的人多是应需要而买。有的需要买个学生砚，让孩子学书法，学画画用。也有买来送友人的。现在的砚，雕有各式图案的多，你可以挑选图案，按自己喜欢的买。往细里挑，你还可以看看雕刻，比对一下造型。

曾经，遇一留学人士，想买方砚带到日本。她选砚，一方方看去，终看中了一砚。那砚，俏雕两片绿色的荷叶，荷渐次漫开，花在荷叶中初放。砚不大，形态却可人，再三看看，她准备买。我对她说，这砚要买给自己没问题，要带到日本，便不适宜，因为日本人看荷花和中国人欣赏荷花的角度不同。荷花，在日本人眼里，象征的是生命的湮灭、消逝。

藏砚，不同于买砚。藏砚，藏一方砚或一批砚，不一定是因为需要。

要藏起来的砚，多是不轻易示人的砚，有可能是买下给自己

看甚至于是要躲起来看的砚。这样的砚，是值得珍藏的砚。这样的
砚，应是些什么砚呢？第一，这砚定然别于遍地都是的砚。第二，
这砚不是想买就能买到的，错过一次可能意味着错过一生。第三，
这样的砚，对做砚人而言，一样要靠遇，可遇而不可求。对藏砚人

秋韵

荷溪过雨

来说，这样的砚，可能是千里挑一甚至是万里之一二。

做砚，做到能被爱家珍藏的级别，出一方砚都不易。藏砚，要藏到一方心宜宝砚，靠遇，靠机缘，个中滋味，想一想都艰辛。

好砚，雕刻不炫耀技，不在乎巧。好砚，好在精，而不在雕刻的东西多。真的好砚，尽在做砚的这人。砚由人做，一个入砚无法、学养不够的人，岂能做出好砚乎？我以为，能刻出好砚的人，多是不飘浮于面上，能隐于市，迷于砚的一类人。好砚，雕刻的东西可能不多，但是弥于其中的思想蕴含一定多。这些蕴含，依凭的是做砚人的学问、学养。这些东西偷不来，搬不来，要靠一点一滴的研修累积得来。

藏砚，有可能藏到不对的砚。

有道是隔行如隔山，要藏到好砚，买到对的，尽可能远离假冒伪劣。如何藏呢？其中方法，说一千道一万，不外乎多了解，多向懂砚的人学习。藏一个砚种的精华或藏一个人的砚，少不了要学习了解。多研究砚，多读古砚今砚，读与砚相关的文字，对制砚人多做些深入细察，多和他们交流、交谈，多实践，勇于实践，这些于藏砚都有裨益。

说藏砚，还是要说到瞄上御用砚的米芾。皇上不过同意他用一下御砚，用过后，他竟敢开口讨要，讨要到砚，不管不顾墨汁濡染，抱上砚就一路疯跑。这故事，我一说再说。为什么？其一，是因砚生发的感动。其二，为一方美砚的力量。想想，就为一砚，米夫子可以不管不顾头上乌纱，不计身家性命，打起皇上的主意，想这样的砚，它的魅力与魔力，多么漫无边际。

一方佳砚，你有而人无，寻遍这个世界，此砚只在你手上，个中妙味，得来或就在一藏、一遇、一念之中。其间的兴奋、颠覆、疯魔、痴狂、迷醉，如何言说也难以道尽。这，就是藏砚。

七、藏砚，在砚

（一）

我不知道，若干年后，砚是否会成为藏界的稀珍，但我知道，砚终究要往博物馆去，会远离我们的日常。

砚的收藏，是古人的一大雅好。

宋人苏仲恭，以自己一座豪华宅邸，向米芾换得一方一尺多长的名砚。清人金农，荡尽家产收集佳砚，号"百二砚田富翁"。清人高凤翰，一生嗜砚如痴，收藏各式佳砚千余方。

收藏名砚，老外亦喜好。

坂东贯山，日本收藏家，毕生收藏中国名砚，卖掉一千平方米的房屋，换得十五厘米小砚一方。井上恒一，日本收藏家，将收购的一百方中国名砚，编印成《百友砚谱》一书。桥本关雪，日本收藏家，收藏中国清末民初《沈氏砚林》所记载的一百五十八方佳砚。

藏砚，有人定位在端歙。

端砚，厚实的工艺摆在那。端砚雕刻，下刀总是要凹凸点什么，要做点什么。在其他砚，雕刻或可一笔带过的地方，在端砚不。端砚总要见雕刻，现凹凸，要雕出东西，讲形象化、具体化。

歙砚，入砚的手法是见工，从做出的砚看，突出却不在工，而在见灵性见机巧的隐。歙砚的隐，像山涧碧潭里的鱼儿，清静，自如，无拘无束，在你想着如何能看清那鱼时，鱼，机敏地隐了。那一瞬，最像歙砚。

有藏砚人说，好砚，一要有砚池、砚堂。二要有雕刻功夫。三要雕得像一幅画。

做砚，池、堂是要素。做砚，具备砚池、砚堂，这是基本要求。至于砚池、砚堂做好了，是否就是好砚，这就要看了。砚界，有太多这样的砚，砚堂是规范的，砚池开得四平八稳，雕得仔仔细细，可这样的砚，让人看看，大多会一晃而过，其中主要原因，或许就出在池、堂过于齐备。

雕刻功夫，是制砚的砚内功夫，是做出好砚的必要条件。藏砚，藏有雕刻功夫的砚，方向不可谓不对，不过，还得看因材怎样，施艺如何，是否应物象形随石生发，下刀是否有灵性见文心。若样式陈旧构造老套，即便雕刻具点功夫，依然没多大价值。

至于雕得像一幅画，我以为，好砚不在于像什么，全在砚要好。

好砚，一要好在雕刻。一个砚功夫成问题的制砚者，很难让人相信能做出好砚。二要好在艺术。比如设计、构筑、因材、意境，等等。三要好在砚石。比如石形、质性、石品等。四是砚味要好。得具砚的语言，得有浓郁砚味，得是一方砚，而非一幅画。

藏砚，一在多看。每有空闲，到工作室、砚厂、卖砚的店家走走看看，见到好砚，留存于心。二要多问。遇到问题，多问、多学。三要下手果断。对再三看好的砚，一旦决定，要果断下手。

蕉荫图

170

（二）

人问，对于古砚收藏，你如何看？

收藏古砚，可以见一方就藏一方。古砚永远稀缺，只会越来越少。当然，收藏古砚，要看是否真为古砚，一定要留心赝品。

人问，生有名贵、珍稀石品的砚，是否值得收藏？

收藏这类砚，我以为，还是要看创意怎样雕刻如何，若都不错，当然可考虑收藏。

人问，藏砚，藏好砚石好石品的砚，是否等于藏到好砚？砚，是不是色彩好看的砚就好，是不是砚上的石眼越多就越好？

藏砚的人群中，有一类藏家，他们的目光聚拢在砚石上，他们认为，藏砚，着重在砚石好，而好砚石的标志，在有好石品，比如端砚的眼、青花，鱼脑冻，等等。

制砚是一高度个人化的工作，既劳心又劳力。既要付出心智还得支出汗水。制砚，是一刀复一刀的慢工细活。通常看，作画和书法可以一鼓作气，一气呵成。砚却不可能一挥而就。一方砚，从最初的下刀到最后完毕，耗费几天到数月都是正常情形。

我以为，好砚石、好石品，不能等于是好砚。好砚，是由不错的砚石加上好的创意精工做成。砚是不是色彩好看就好，石眼越多越好？当然不是。因为，色彩好看，体现的仅是砚石之色，石眼多，即便算好，也仅仅是砚石的好。

（三）

藏砚，得我喜欢的砚，说多也多。

见过一砚，形天成，凹凸，向背，起伏，线韵，肌理，石色，都得我喜欢。从砚的长、宽、厚度审视，亦一应恰好，只是做砚的这人，开池雕刻，只做出个大概。那砚，屈指算来，距离我看到的时间已十年以上，可我时不时地要想起那砚。

古典的唐箕、仿宋抄手、蝉形砚，或严谨，或端庄，或格律，或鲜活。这些砚样，尽管看了又看，一如地还是喜爱看。

有些砚，色彩确实好看，看得你觉得一应的人为雕刻，都显得苍白、无力，了无意义，看得我就此想放下刻刀，丢掉技艺。

歙砚的老坑石，得很多人的欢喜。我看着，一样喜欢。

砚石的石品，比如青如碧翠、浑若金瞳的石眼，比如细如微

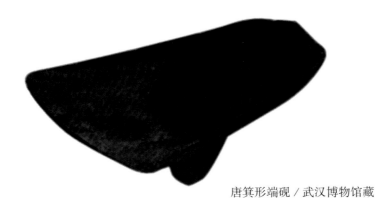

唐箕形端砚／武汉博物馆藏

尘、隐隐浮现的青花，再比如歙石的细雨金星、水浪纹、雁湖眉，我看了也欢喜。

还比如端砚、歙砚。

看端砚、歙砚，做工严谨、雕刻认真精细的砚，哪怕素式，哪怕只是仿宋式、仿明式砚，我都欢喜。如若，砚上还有我喜欢的石品，比如端砚，砚上有那青花、石眼，比如歙砚，砚上有那水浪、金星，那当是更好。

前两年看到几方小松花砚，心动了，当即就想着选两方收藏，把玩也好，赏读也罢。

藏砚，也有错过。

一次，在一家古玩店，见过一方老砚。砚方形，雕的是盘松。老砚，云南的大姚、永仁，四川的西昌、会理一带，时有出。那天，由于行色匆匆，我和这方老砚瞬间错过。

确是一流名手的砚，我会藏。

藏砚，制砚人的我，当然看重制砚功力。

有功力的砚，做线条，开砚池，打砚堂学有渊源，一招一式严谨而见尺度。整体看，凹凸、比例、造型、状物、手法恰当而到位。

藏砚，砚是否具独创性，最值得我重看。

市面上时出、古砚中多见的砚，当然不具原创性。砚，有别于古人、时人，算不算有独创性，具收藏价值呢？那也得看其独创性是否建构在能得砚理，看其如何应材、布列、构筑、施艺，以及体现在砚上的一应工巧。

这些年，就方形砚说，我见过、上过手的老砚、新砚不下千方，许是见得多的缘故，这千方左右的方形砚，能让我动心的终是不多。

八、对话一方藏砚

有人买一砚。

买这砚的人说，之所以买下这砚，一是这砚看着是古砚，二是感觉这砚是端砚。

这方砚，买砚人说，他是在成都火车站附近，从一布衣老者手中买下。砚上陈墨凝结，泥垢斑斑，是一眼看去很陈旧的砚。

砚，雕刻的是云龙，了得的是这云龙的眼睛是巧用砚石石眼雕刻而成。卖砚人时而将砚背雕刻的"吴兴钱起"铭文亮亮，说，这砚是唐朝的砚。

古砚以稀为贵，古砚留存于世，看到一方是一方，失去了一方，等于永久的失去。古砚还贵在有铭，有铭文的古砚更让藏家青睐，更具收藏价值。因为古砚的存世量只会越来越少，因而，知道古砚的价值并留心收藏的人为数日多。

端砚，中国传统的四大名砚之一。四大名砚是端砚、歙砚、洮河砚、澄泥砚。其中，端砚产于现今的广东省肇庆市。其是石色、造型、雕刻皆别具特色的名砚，也可以说是中国有砚以来影响巨大，流传最广的名砚。端砚的石色为淡紫肝色。端砚的造型，总体上方正端庄。从雕刻上看，端砚的雕刻层叠、空浮且分明，以平整、细致、镂空手法为特色。

砚上有砚铭，若是唐砚，年代无疑是很久远了。

买砚人买下这砚，心有疑惑，想尽快确认这砚是否真为唐砚。一天，他特意来工作室找我，想请我去他家看看。

我问，这砚有多大？形状是方形还是圆形？

他说，砚和普通书籍大小差不多，形态是长椭圆形。

厚度大概有这么厚对吗？我用手比了比。

他说，对。

我问，是雕的云龙，龙的双眼是金黄色石眼，砚背刻有"吴兴钱起"字样，字体是端正的楷体字，对吧？

他惊奇。

这砚的开价不低，要价在6000元至7000元？

他惊愕。

我说，吴兴是一地名，为现今的浙江省吴兴县。钱起，字仲文，是唐天宝十年进士，"大历十才子"之一。

这砚，云龙造型不错，整体布局美好，细看龙头的雕刻、龙爪的处理、龙鳞的做工都比较到位。砚上的云，雕得也有层次感。砚应是一方端砚。但这砚不是出自唐代的端砚。其一，端砚出于唐武德年间，但宋以前的端砚，雕刻尚处在初级水平，远没达到现在这方砚的精湛技艺。其二，砚上雕的云龙是典型的清代云龙。唐龙和清龙在造型上有很大的不同。比方说龙头，唐代的龙头，还没有清代龙头那样具体、分明、形象的龙鼻子。唐龙的上唇高高翘起，口角分外修长，你可回去看看。这砚上的龙显然没有唐龙特征。第三，唐砚多是圆形砚，带足。唐砚大气古朴，砚池、砚堂开的和当代制砚有很大不同。就这方砚流畅的椭圆形看，宋以前的制砚鲜有这样的砚形。

买砚人说，听你这么讲，好像早已看过这砚？可这方砚我才从成都带来不久啊。

我说，半年前在攀枝花市，我已看过这样的砚了，而且，前后上手过两方。

买砚人心有不甘，又问，你说砚上刻的钱起是唐朝人，这砚却不是唐砚，这是怎么回事呢？

我说，唐朝确有钱起这个人，你翻一翻全唐诗，就能读到钱起

演易图

的诗作，但砚上铭刻的字是作伪者雕刻上去的。只是，作伪的人对
传统古砚的形态演变、不同朝代的龙的造型特征还缺乏了解，尚处
于作伪的初级阶段罢了。

九、与收藏家谈好砚

刻砚，都在刻。

常听人说，这砚雕刻一般，那砚刻得很好，那么，这砚那砚，这里边的好，都好在哪呢？以下，我们撇开砚石的品色质地，单从雕刻本身的专业、严谨、别出、自然四个角度，谈谈何为好砚。

这四个角度，不是并列关系，它们之间有交叉，有融合。专业、严谨，可谓好砚的基础，别出、自然，是升华发展的好砚。

（一）专业

专业，是能否刻出好砚的前提条件。

学习刻砚，在什么地方学，和哪些人学，我以为不是无关紧要，而是有讲究、很重要的。

砚要刻得好，或要把砚刻好，首先，你得学会专业地刻砚，刻出专业的砚。

做得专业的砚，砚边、砚池、砚堂，分布恰当恰好。说具体点，砚边的宽窄、流变，砚池的大小、深浅、空灵与圆润程度，砚堂面积的大小、过渡、变化，能合适合理，开合有度。

要做到这几个"合"，说易，做难。

你开砚池，人家也开，你挖砚堂，人家也挖，你做砚边，人家也做。你不雕图案，人家也不雕。都是在做砚，做的都是一样的砚，你和他做的，或有舒适不舒适之别，或有好看不好看之分，或有专业与不够专业的不同。

（二）严谨

能否刻出好砚，严谨是一种习惯，更是一种态度。

砚的严谨，以重点说，一是作为砚的严谨。二是图饰的严谨。三是整体处理的严谨。

1.作为砚的严谨

由形到体、由点到面，砚有砚的严谨。

比如方形砚的边线，上下左右，四根线要严谨，若是砚边再起线，这线的粗细、长短、宽窄、高低等仍要见严谨。方形砚，不仅外四角要严谨，内四角的圆弧过渡，也要做得角度、大小一致。制作方形砚，砚池的深浅、高低，恰如适度等，都有它的讲究与严谨。

形造得美不美，高与低是否恰好，虚与实是否相谐，直与曲是否妙合，是否增之一分则长，减之一分则短。亦在一砚是否严谨。

2.图饰的严谨

砚的图饰众多，比如雕刻在砚上的一应物象，这物和他物，各有各的比例大小。山水砚雕中的山与人、人与亭、舟与屋的比例关系，一砚之中的物象与砚的池、堂比例关系，还比如人物雕刻，人的头部与身形、四肢的比例等，均可体现图饰的严谨。

3.整体处理的严谨

砚艺的美，是整体流淌出来的美。

影响一方砚的整体，或导致一方砚不整体的因素很多，有线，有形、有体、有色彩、有石品、有图案、有雕刻、有深浅、有高低，有韵味、有气势等，如何将它们统一，需要整体处理能力。而这样的能力如何，事关的是严谨。

（三）别出

一方砚，刻得专业、严谨，只是基本要求。好砚的好，不仅好在专业、严谨，还好在你的砚能否匠心独具，卓然别出。

大家都雕龙，龙头、身子、龙尾、两龙爪、数朵云，你也这样雕，龙的造型一样，画面构图一样，手法一样，这当然非别出。大家都雕蘑菇，陈端友也雕，但陈端友可以做得别出，能独具匠心，另开新境。

别出，不再是陈陈相因模仿复制。别出，从同中见不同，是制砚由制步入不仅是制的阶段标志。

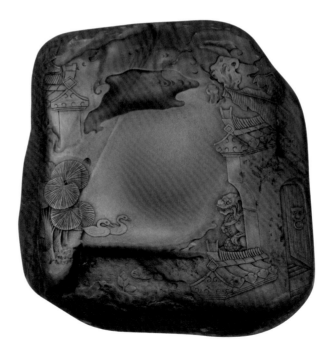

婺里／歙砚／吴贵生制

　　婺里，刻的是婺源。
　　翘角飞檐，溪桥人家，一湾碧水，小荷初露，砚中的婺里，寓情，寄理，自然而静好。

（四）自然

能否自然，体现的是好砚的高度。

一方砚，刻得自然与否，不唯在雕刻的手头功夫、雕刻技巧。有了专业、严谨的做工，加上别出的手法、构想，这样的砚已然可以称为好砚。

砚雕家在这样的基础上继续前行，求砚雕艺术的天人合一，自然浑然，砚的雕刻当是更上一层楼。

一方砚，技的层面，在雕，在刻，在刀工技巧。而艺，在品位，在格调，涉及的是境界、学养。好砚的好，不仅在技，还要讲艺。好砚，离不开精湛的技，贵在融于技的艺。好砚，是技与艺的交相互融，在完美融合。

砚，都是雕出来的，不雕不称为砚。而好砚好在哪里呢？好砚的好，并不好在你雕龙描凤、镂山刻水做到如何精工细腻，而在雕刻能否得自然，见不雕。

不雕，当然不是不雕刻。

二十多年前，曾和一位同行谈到不雕，他听进去了，过了半月，他跑来说，你说的不雕我试过，行不通。雕砚，不下刀雕刻，如何雕，怎能雕得出呢？

这位同行，实在没理解我说的不雕。

砚的不雕，在于这样的雕刻，任下刀无数，但是砚如鬼斧劈出，若天公开就，砚上的雕饰纹痕，自在自然，自成凹凸。砚，是精心刻出的，但不见精心，是用心雕过的，但若没雕。

这样的不雕，在技艺，亦不全在技艺，在学养，亦不仅凭学养。

砚的不雕，不是雕了图像就是雕，去掉图饰雕刻，开个砚池、砚堂就是不雕。况，砚池、砚堂的开出，一样要经刀刻斧凿，不经历一番刀斧雕琢，池、堂何以开出？

砚的不雕，更不能理解为凡砚皆要少雕。

不雕，脱去的是功夫技巧，去掉的是匠气人为。无理由相信，一个疏于雕刻下刀生涩的人，工技轻飘飘、忽忽然就行到了绚烂高度，之后石破天惊般就刻出融人、石、砚、艺于一体的上上之作。

刻砚，要行到不雕之境，工技能否更胜一筹，定是必要条件。所以，不雕的背后，恰是要多雕，只有雕得多的人，历尽多刻多雕的人，刀工技巧能烂熟于心，下刀才可能寓大巧于无痕。

神行／歙砚／吴贵生制

砚依方形，又不为形所缚。雕刻一如随意，由心，了无拘束。

砚中的神龟、水浪，以及飘逸的云气，是人为的凸凹，可是，一切浑如砚中生出。

心旅

想文房中的主人，于虫鸣啾啾的夏夜，置一壶清茶，临窗独坐，在绿柏、蕉荫下抚砚清赏，几多生命中的波折块垒，相随砚田悄然远遁，几多古往的思绪遐想，将从砚里油然生发。

一、工作室的一截枯木

工作室，我刻砚的地方。在这里，我一边刻砚一边思想，刻过端石、歙石、苴却石，也端详了不少古砚、今砚，规矩或意象的砚。

我的工作室不大，室里堆放很多砚石，有端，有歙，有松花石，有天坛石，大量的是苴却石。工作室里，不用说，放有我刻的砚，有的多年前刻过一半，放在那，一放好几年了，还那样。有的刻好了，觉得还要放一放，再有的，是刻好磨好了的砚。这些砚，有的我不时要拿在手，横竖看看，有的自己还没细看，还有的，就是我手头正在刻的砚了。

工作室里，最让人诧异的，是放置在工作台附近的一截枯木。这是我一次登山时捡的。枯木，约30厘米长。每有空闲或找不到刻砚的灵感时，我会拿它在手，或把它置于工作台前，细细静静抚赏一番。

作为大树的一部分，它曾经沐阳光浴雨露，茁壮过成长过，经由风的喧哗、雨水的敲打。现在的它，虽然枯了，枯得只剩一小节，但在这一小节中，生命的律动依旧。

略一看，它显得平直，往细里读，平直中却蕴涵凹凸渐变。翻转着看，枯木上面一块块的树皮有大小、聚合的裂变，伴生其中的树节，如波澜之涌动、奔突，深深浅浅的树洞，或凹绕，或绵延，读来耐人寻味又意趣盎然。

枯皱的树皮已裂，呈细小的块状相连。经过大自然的巧手"雕刻"，具体的树皮上，可见形态生动的块面相间，韵味别开的线条相寓，斑斓多姿的点缀相生。此树皮与彼树皮间的沟壑，有的间隔很宽，皮与皮相得益彰，有的联系紧密，呼应照应。树皮的块面，大中有小，小中寓大。大大小小的树皮看似简单的重复，其实块块各异，各有奇妙。如果说，这一小块又一小块的树皮，是一独立的单词，那么，树皮与树皮之间，通过起承转合，组织连接，进而形成的便是词组。在这些或长或短的词组间，隐约可见的是天工造就的蕴飞白，现枯笔，具墨痕的妙不可言的线条。

砚是砚，有自身区别于他物的形态、风貌、语言。学习刻砚，需要练就开砚堂，做砚池，打线条的功夫。需要具备一定的应物象形、因材施艺的能力，掌握一定的技艺、技巧。

砚雕艺术，从学习技巧到掌握技巧是一个阶段。一般的学艺，掌握了相关技艺，刻出一方过得去的砚已无问题。上升到一定层面上看，砚的好坏却不尽在刻砚者的能否应石形艺、具刀功技艺，更不在于雕刻能否深雕镂空、细腻入微。好砚，当如这截枯木，于自然自由中见无技之技，见不雕之大巧。好砚，追苍茫，寓造化，是绚烂之后的自在、平淡，凸凹中的平和、浑然。能否成就这样的好砚，个中的关键，追根究底，还在掌握刻刀的制砚人，在刻砚者的灵性，广博的学养以及不同于凡常的思想。

工作室里有很多砚，置于其中的这截枯木，看似与砚几无相干，可我爱这截枯木，爱它的自在自性，淡定自然。我尊它为先生，不仅在过去，也不仅是现在，或将来。

宴饮／歙砚／吴贵生制

此砚，人物布列得体，得宜。池、堂融于其中，水到渠成且不着痕迹。砚中人物刻画，下刀清冽，干净，入细。刻砚，细是功夫，然一砚的好不尽在细，比如砚中那一脉妩媚。

二、砚遇，在不期的忽然而至

孩提时的大年初一，父亲在家中铺开红彤的纸，用毛笔在一个方形的器物里蘸墨，一边蘸墨，一边在红纸上写开了字。那器物，形正方，内里是凹下的圆形，满满的一池墨就盛在里边。

忽然见到这妙怪的东西，我张着好奇的眼睛一看再看。父亲告诉我，这方方的东西叫砚。

不久后的一日，在家里老旧的院落，一黑黑的窟窿里，我意外地又摸出了一砚。那砚形态长方，砚上雕了龙，可惜的是龙头早已残缺。

上小学时，前前后后我用过三方砚。一是小圆形砚，没用几天就打碎了。一是小方形砚，带盖，没用多久，丢了。第三方砚，木质，长方，整体轻薄，砚池开成六边形。此砚，我用的时间最长。

中学假期，与砚有过一次特别之遇。当时，我被龙尾砚厂厂长请进厂里画画。厂里的老师找来画谱，一会让我画花草，一会让我画亭台、树木。这些画，老师们拿去，勾画出砚的大略外形，配上池、堂、边，做成形态不一、题材各异的砚。

江南 / 2016年 / 俞飞鹏制

　　草色青青的江南，两条水牛相依。
　　喜欢这砚，牛的刻画也好，砚的形成也罢，平实中寓平静，自在中见自由。

印象极深的砚遇，是南方深圳的一次聚会。那一夜，席间，朋友竟然拿出一砚。

朋友说，他带的是一方歙砚。歙砚，我国著名砚种，距今已有1300多年历史。天然生就金星、金晕、眉子、眉纹等美妙石品的歙砚，产于婺源龙尾山，史称龙尾砚。因婺源历史上属安徽歙州所辖，按古时以州名物惯例，龙尾砚，习惯上又称"歙砚"。

此砚，砚石自然成形，整体见方，比字典略大，是一方雕有背刻的砚。

背刻，歙砚砚雕的传统表现形式。刻在背面的图饰，因为没有池、堂、边的约束，制砚者往往能放开思维，刻出别有的意趣。此砚，正面刻了一大一小两片蕉叶。砚背，作者巧用金黄晕色，浅刻执笔书蕉的怀素。怀素的坐态与书蕉的神态，刻得出味，颇具功力。

之所以带上砚，朋友说，就想听我说道说道。

我说，此砚作背刻，第一，是留品的考虑。歙砚的金晕，是歙石中的稀品。而好石品，对制砚者而言，在不便于制作取用时，多习惯于考虑留。此砚的金晕，若放在开堂、做池的砚面，制作时一下刀，两三下就没了。因而，作者将金晕留在了砚背。第二，是实用的需要。歙砚制作，古往今来，一向重砚的用。此砚，将好看的金晕留在砚背，让用与赏做一分隔，虽说是不得已而为，却也因为这一转换，制砚人可以放开手脚，将实用的地方做得更实用。第三，是兼顾欣赏。让人喜爱的砚，在实用，亦在把玩欣赏。此砚之所以在砚背着力，考虑的便是赏玩的需要。

砚遇，想来总是在发生，只是遇的时段、机缘、人和砚、砚与人各有不同罢了。所谓物以类聚，人以群分，世上事，世间人，似也就是这样，我们因砚而遇，而见，而识，而友，这一见，是砚之缘，砚之遇，可以是一瞬，亦可以由此绵长到天见荒，地见老。

刻砚，我一直强调要多体会，多雕刻，砚遇却无法强调。砚遇，在不期的忽然而至，有时在雨夜，有时在旅途，谁知道呢。

三、常常，我把好砚比作唐诗，当为宋词

（一）

砚，居于文房。

文房者，文人的一隅天地。这天地可以不大，能窗明几净，有清风徐来。当然还得有一方亦人亦天朗润可人的砚。

这砚若是古砚，上面当有唐风宋韵，旧墨纹痕，雕花窗的气息、线装书的老味。想文房中的主人，于虫鸣啾啾的夏夜，置一壶清茶，临窗独坐，在绿柏、蕉荫下抚砚清赏，几多生命中的波折块垒，相随砚田悄然远遁，几多古往的思绪邈想，将从砚里油然生发。

砚由石做，这石生于陡崖深髓，需去除多少麻石，经千万呼唤，才得以见天日，沐雨露。又几经反复，推敲打稿，遇巧手琢刻，始成为一砚。

这砚要是新制，是产于端溪的斧柯山，还是出自龙尾的古武溪？若是来自金沙江畔，那是异彩纷呈的砚林新贵苴却砚。如是松花砚，同样不可多得，因为砚石出产的地方乃大清王朝的发祥圣地。

砚，有方的形式，圆的模样。方形砚看着方正严谨，圆形砚读来圆融可爱。砚的形式又不止于方形、圆形。砚有砚池，用来藏水贮墨，砚有砚堂，以利和水研磨，砚有砚边，用来留水护墨。

（二）

几根线的纵横，构就砚的天地大略。浑古的制式，让人直追魏晋，思想宋唐。

砚池满而不空，虚中实寓，远观如飘来的春雨一点，近看似秋波一潭深邃无际。砚边或直或曲，或张或弛，时而如文士啸傲，扬长而去，时而似琴声低吟，韵味悠长。砚堂中开，墨在堂中来回往复，人磨砚，砚亦磨人！浑圆的砚堂盛满天地云霓，也浸润着文人的情怀灵性，想古往今岁，有几多百转愁情，酝酿于毫颖砚间，又有多少锦绣文章，璀璨书画，从中构想孕育，成为千古绝唱。

常常，我把好砚比作唐诗，当为宋词。添增一分觉长，试减一分已短。好砚，如格律诗一字一词的推敲，一音一韵的相协，平和中蕴涵昂然激越，朗润里独拥文士风范。字里寥寥数语，天高地远，神游方外。行间横越有度，意蕴其中，机趣盎然。

古人开山取石，没有电动工具的相助，凭移山心力的不懈进取，靠天地灵性的瞬间神交，于麻石数吨中，寻得方寸美石一二。

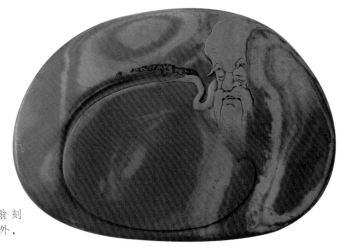

瑞鹤仙翁 / 2016年 / 俞飞鹏制

砚，就石巧色。瑞鹤仙翁刻画，去具体而取精要。砚里砚外，洋溢一脉别样仙气。

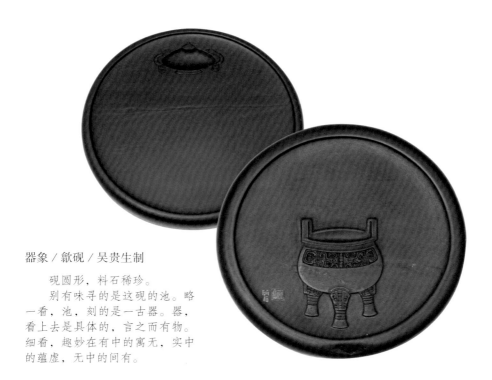

器象／歙砚／吴贵生制

　　砚圆形，料石稀珍。
　　别有味寻的是这砚的池。略
一看，池，刻的是一古器。器，
看上去是具体的，言之而有物。
细看，趣妙在有中的寓无，实中
的蕴虚，无中的间有。

这砚料是石之精髓，得天地日月凝成，这料石经砚工履沟壑，涉溪
涧，翻山越岭，搬运家中。砚工去毛石的粗裂纹痕，顽缺病线，琢
磨砚形，始得砚之大概，形容意象。然后依形会悟，应石取象。一
脉云行，流出的可能是神游千里的感慨，一叶绿荷，营造的或是生
机盎然的一团和祥。

　　古人做砚，一招一式唯凭手工，一声声敲打的是砚石，也敲打着
别出的匠心。想天高地远的山坞，晨曦初开，炊烟新缭，老牛才睁开
眯缝的双眼，山雀刚鸣起悦耳的丽音，砚工却已躬身于古石道旁、山
溪边、屋檐下、竹林间，面砚相石，起刀开砚，一刀刀小心施入，挖
却了几许惆怅，敲去了壁垒千千，打打雕雕，磨磨琢琢，始成方圆一
砚，文房重器。

　　诗仙李白，研墨顺毫之际，留下几多千古名篇，宋人东坡，叹
大江东去，浪淘尽于美石砚里。想孙武子的奇异布阵，诡道兵法，
没有美砚何以留传后世，米南山的米家山水，爱砚痴心，失却美砚
如何传流至今。

四、意境，心境，功夫

（一）

意境是有意味的境象。意，可以视为意象，味，除了砚中流溢的味道以外，味，还可以令人联想到玩味、耐人寻味，以及意味的深长。

很多人，爱一砚的意境，而对意境的喜爱，多体现在刻有雾壑、山涧、流泉、溪桥、亭台、人家的山水砚里。其一，这是因为山水砚有画面感。第二，是山水砚的层叠，错落，高远，深远，吸人眼目，引人入胜。第三，山水砚中的楼台亭阁，飞瀑流泉，青山绿水，是人们向往的景象。第四，山水砚中景致的营造、表达，易与人们游身于山、放遂于水的心性相通互融。

意境，其实不单单指山水，几片落叶，一只秋蝉，一把古琴，两扇雕窗，松下老僧对着一径青烟悟道，一个小孩趴在地上观蚁，都是有意味的境象。只是，相比其他意境的营造，山水的景致与画面感，更易于让人接受，更有直观感，更容易将人引入某些场景引发人的共鸣。这，应是当下山水砚较受人喜爱的一个缘由。

蕉秋／2016年／俞飞鹏制

砚依形，就石，刻蕉叶。砚里的蕉叶，舒展而漫卷。蕉叶，不仅刻出了枯、疏、寥落，还有难得的那一点况味。

（二）

制砚，客观环境不错，不等于就能刻出好砚，能否刻出好砚，有很多要素，比如刻砚人的心境。

刻砚，行到一定层面，看的是一个人的境界、学养。一个刻砚人前景怎样，成长如何，是可以视情形看的。比如，看别人买车，自己是否想急着去买一辆，看别人买房，自己也心急火燎地要买一栋房，看别人由"小天地"搬到"大天地"，发展壮大赚钱了，再看看，这人是坐立不安心浮气躁，还是一如气定神闲。

我说的这些，归根结底，看的是一个人的心境。一个心志高远的人，不应是随波逐流趋炎附势的人，他不会看重眼前，小富即安，不应动不动就和他人攀比，比挣钱、排场，比所谓的面子、气派。

有何样的心境，表现在砚中，做出的砚会不一样。自由自在的心境，刻出的砚，轻松而自然。攀比心很重的，总喜欢在砚上亮出家当显摆。日子拮据者，砚刻得紧巴。赚点小钱巴不得扬名立万的，做出的砚多富财气味。总想挣钱的，那砚上就差写上招商引资。心浮气躁的，砚中脱不掉的定是浮游躁动的火气。

心境，怎么说呢，大家都在刻意进取之时，一个人的不动、不进或一意退隐，个中起作用的便是心田深处的那境。

凝／2014年／俞飞鹏制

古币砚刻，刻着便想着如何具体，刻着便难免俗闹。此砚，好在能蹊径另辟，且脱去些旧套，形、色、石、砚浑融一体。

（三）

有砚的爱好者，看我刻起砚来轻松自如，便找了块砚石，躲在家里也学着刻了起来。

看我刻砚，怎么下刀，他学着仿刻，刻起来总是别扭，个中缘由，在功夫。

制砚的功夫，首先是在砚的认知上的功夫，其次，有雕刻过程中把握的功夫，有布列、构筑的功夫，有深浅、虚实的功夫，有辨石相石，因材形艺的功夫，有人石合一，浑融自然的功夫。这些功夫，有的在继承，有的是先天，有的重在后学，有的靠经验累积，有的需要美术功底造型能力。

制砚，了解一下砚史，十分必要，能深入砚史做一番研究当是更好。

制砚，你不一定都得亲手做几方唐箕、宋抄、蝉形砚。但是，你得知晓一方砚，是怎样构筑、如何形成。砚制的源流与演变，兄弟砚种间的手法特点，高手如何，水平怎样。你得知晓了解，能融通变化。得知道什么是陈陈相因，得了解你手中的砚石。

制砚，砚中的图饰，其实不在刻得多深或雕得多浅，而重在雕刻的恰如其分，恰到好处。

制砚，更见层面的功夫，不仅在工艺的精雕细琢，还在砚雕家制砚能独树一帜、领异标新，还贵在一砚的能有所蕴含，还和制砚人的砚内功夫，以及弥于砚外的学养、才情、文心、境界等密切关联。

五、读砚如读书

读砚如读书，书要逐字逐句读，读砚也如此。

我读砚，有时起始于形，方正的形，形是确定的，可是在这形里，好的砚做出了新意，开出了别样。自然的形，自成凹凸，面对这样的形，制出怎样的砚，尽在制砚者。一砚的题材、构思、意境，可以随形生发有感而发，亦可以另辟蹊径，匠心独运。我，对开出别来心境，做出独特气象的砚，尤乐于品读。

读砚，也可以始于整体。形，偏于平面，体却不同，体，全面而立体，体，包括方方面面，涵盖角角落落。

有人读砚，爱跟着石品去漫游，比如石眼，看那眼有多纯净，多奇妙，看一方砚上究竟有多少石眼，那石眼中有多少是活的。必要时，还爱将一方砚翻来覆去数一数眼，一来二往，他在眼里读出了新天，神奇。一砚的色彩，多是先夺人眼球。我读砚，习惯看一砚的门道，可是于色泽，大多时候，我还是忍不住会先读一读。

读砚，一定可以泛读，还有必要"一目十行"。

泛读，可以就读一砚的大效果，可以只品一砚的大框架，以此找出其中至要。好的砚，首要好在大构成，好在整体的浑成。一砚若无整体，所有的细节，哪怕精妙绝伦，也不过是散沙一盘。

读砚，当然重在抓住砚来读。砚就是砚，非山水非人物、非唐诗非宋词。做砚，在随石成砚，化料石为砚。如做的砚还不如石，我们何必做砚。砚上的品、色、线如何妙用，雕成了什么，手法是深雕还是浅刻，是繁复细密还是点到为止，这些全都从属于砚。一块料石的高下错落，在完成的一砚中，是天然的，还在人的巧为？好的砚作能好得人石合一，天人浑成，好得让你辨不出何为人作，何由天生。

有好的砚，最怕遇不到善读的知音。欲取名琴弹，恨无知音赏。一方好砚搁在那，遇到的尽是庸碌的目光，其间凄冷，岂是三言两语能够道明。

早岁学画，听老师谈过三幅《深山藏古寺》的画作，第一幅画了层叠的深山，在云起雾涌的深山中隐现古寺。第二幅淡化山的层叠，专意画出古刹的一角。第三幅画，不见山的层叠，不见画上古寺，只画了一个打水的和尚。第一幅画，深山古寺画得清楚明白，有如说话的开门见山，直来直去。第二幅，画转了个弯，以古寺的一角表现山深、寺藏，所谓绕着弯子讲话，话说得迂回。第三幅画，话里有话，深藏不露。这幅画，藏起了山，隐去了寺，可是山分明在，寺也分明在，因为有和尚在那，所以山、寺尽在其中。这画，不仅画出了深和藏，而且深藏得无法见到底。

要是和尚打水的一等好画，没人看出好在哪，画出一角古刹的二流画作，却能被人看好叫好，画出深远群山，于云山雾涌中现出古寺的三流之作，被人认定为画中第一，想想有多可怕。

读砚，我不爱读四平八稳的砚，那样的砚，说不上不好，可我不欢喜。雕得热闹的商品砚，有人觉得好看，能讨一些人的喜欢，可我不爱读。读砚，对那种一味求细的砚，以精工为能事的砚，我认同它的工与精，但说不上喜欢，不会花时间去读。

有些砚，因材依形，随石生发，尽管砚可能做得还不够好，工还不够精到，但是，这是好砚的方向，对这样的砚，我向来愿意去品一品，偏爱去读一读。至于能更好地解构砚石，独出心裁地掌控，恰好地用刀，寓大巧于无形，蹊径另辟，且能将思想隐于其中的砚，读之，于我而言当是必然。

六、刻砚，看砚

（一）

一方砚，怎样刻才叫好？砚上雕刻得多，好吗？

有人说，刻一方砚，刻得多不算本事，刻得少才是好。

有一段，我也这样以为。每刻一砚，总是盘算着如何能刻得少。

刻得少，其实要看怎么刻，如何少。潦潦草草糊里糊涂雕上几刀，刻一个似是而非的图形在砚上，这也是少，这样的少，很多学砚人能刻，尤其是初学者，起步学刻，刻的东西多半这样。

可是，这样的少，于学砚，于刻砚，好吗？一定不好。从学砚说，因为刻得少，你的刻，有可能停留在浅尝层面，因为这样的浅尝，刀的性质你可能了解不到，刀的优越你可能认识不了，刀的特异呢，你可能更是无法掌控。你雕的图案，就那么简单一刻，那图案是怎么回事，你不会有具体深入的认识，没这样的认识，你刻的东西，是什么，应当怎么刻，你不明白。

这样的少，若是个案，不足为怪，无伤大雅，若是一个砚种的所谓风貌、风格，必然贻害无穷贻笑大方。

一方砚，刻得多不一定不好。比如刻了很多，但是让人看起来不烦，不觉得多，这样的多就好。还有，刻得多，呈现的是丰富的美好感觉，这样的多，也无甚不好。

刻砚，从学习的角度说，我以为多胜于少，宁多勿少。学习刻砚，一定要多刻，刻一方砚，你得想方设法多雕多刻。刻一批砚呢，一样要多刻，多刻好于少刻。须知，经验的积累，很重要的一个方面在刻。通过刻，你得以知深浅，知轻重，知

秋高图／端砚／杨智麟制

　　一月、一松、一人、一鹤，此砚脱去烂熟于心的规程、刻法，流溢一脉士人情怀。

虚实，知扼要。要了解砚石，你得通过刻。要熟悉手里的刻刀，在不断多刻。要刻出物象的独到，亦在你的刻。量的积累，需要大量的实践。刻砚，一刀一刀雕刻的过程，没人能够代替你完成，任何一个老师帮不了你。

　　学习刻砚，学把砚坯雕成砚样，学习图案刻画，经过不断雕刻，下刀由生涩到熟练，功夫由粗放至细腻，少不了要多雕多刻。制砚，从没有什么功夫行到砚中见工是进步。刻砚，需要追求功夫，讲究功夫。刻砚，为把功夫练上去，在某一阶段，即便有那么点弥工弥俗亦不可怕。

　　刻砚，刻到一定程度，多有多的好，少有少的妙。一方砚的多，或是构成的需要，或是雕刻的必须，或，还是意蕴的使然。这时的多，不是不该多的多了，不是可以省的省了。这时的多，是恰好，是应当。

　　刻砚，经由多刻的少，是一浓缩后的简省，是一极简中的不简。

　　刻砚的多刻与少刻，在该多刻的要多刻，需少刻的得少刻。刻砚，要讲少刻，先得多刻。没有多刻的少刻，谈不上少刻。想要少少许胜多多许，先得有刻砚的一而再再而三的多多许。

（二）

　　看砚，几乎天天在看，在工作室看自己刻的砚，出门在外，走一段路看一地砚，走了不少地方，看过不少砚，阅砚，可谓已是无数。

　　有些砚，看看也就看了，像一阵风，拂过之后什么也没留下。有些砚，看着是看，其实心里不想看，这些砚，构造大体一样，雕刻一个路数，从构图到题材，看过来看过去都一样。端砚有，歙砚有，苴却砚亦如是。

　　有些砚，于我而言，看到就想躲。对这样的砚，我是不忍看。好好的一块砚石，雕得千疮百孔，七零八落。这样不善待砚石，这样心狠手辣，痛下杀手，作为砚者于心何忍。

　　有些砚，当然是不必看。一颗小松树，雕得小点是这样，雕得大些仍一样。一片小荷叶，是这样的造型，放大些雕，造型如是。砚堂砚池砚边，开过来做过去，模样都是一样。砚，似乎不这样做就不对，不这样雕就不行。讲独创的砚，在这只是复制，看一砚，等于看过很多砚，这样的看砚，看了也是白看。

　　肇庆，街面上开有很多端砚店铺。不少店，展示在里面的砚，已非只有你步入门店看到的那一点点，不少店家，店里有楼，沿楼梯往上，你可以看到二楼存列砚，再往上，三楼还有。

　　端砚，有中国第一名砚之誉。

　　肇庆的砚，多做山水，多刻花鸟，多深雕，多镂空。砚，做得大样的不少，砚上总是雕得细，刻得密。

　　安徽屯溪老街，著名的名砚集散地。一条长街，走走看看，东家进西家出，直到走累了想坐下歇歇，可那砚店，一家邻一家，远还没个完。

　　又到一地，被人拉着看砚，盛情难却，于是去了，到那地方一看，一间大房子里，就摆了几方大砚，那大砚能看到什么呢？除了巨大还是巨大，不看不好，看又实在看不到什么。我，只有匆忙一看，随后就只有远远地走了。

　　某地出一大砚。这砚重达数吨，搬动这砚要很多人。要多少人抬呢？有好事的记者，专门找了一伙年轻人，先上六人，搬了搬这方砚，砚一动不动，再上俩，仍没用，于是再上人，经过一上再上，直到搬砚的有二十个人左右，这砚，终于被抬了起来。

　　这方砚，砚上雕了很多龙，看过的人说，好得不得了。砚上雕龙，我看过一些，雕龙的人，多习惯将龙雕得张牙舞爪。一条龙是这样，五条龙、九条龙，甚至五十六条龙，也是一样的形象。我想，在一方砚上，要雕出神采飞扬的龙，要将五龙或九龙同时雕于一砚，龙的形象可以形神各异，主次分明，有大有小，张弛有度，互有隐显。龙，有张牙的，也应有不露齿的，实在不必一概地只张着牙，舞着爪。

　　现在，人们看一方砚，要看雕刻的繁简如何，设计构思的巧妙怎样，要看砚石的好看与否。这砚石的好看，有外形的，有石品的，还有色彩的。

　　于砚，或是看得太多，如今我已习于泛泛地看，这样看砚，不累眼，亦不上心，自然也伤不到心。

　　看砚之于做砚，看是重要环节。一个好的制砚家，自然是个会看砚的里手行家。制砚在制，亦在看，在边制边看。一方砚，即便已经完成，做出来了，我的习惯是再放一放，过几天甚至过一段再看看。这样，或有新的发现开启，或会心有所感，甚至会对已做好的砚细修一下，做些改动。

　　新近，遇一喜作诗的爱家，他看中一砚，不仅立马买下，横竖看过以后，竟然发现此砚之中，有春花秋月，夏雨冬雪，于是诗兴大发，赋诗一首，请人铭刻砚上。设计家看砚，与诗人不同，在一砚的线面构成、块面结构、大小关系，或是在他所专注之处。看设计家用线，不仅看一砚的弯弯曲曲的弧线，还看是否会用线，敢于用怎样的线，看那线用在哪，怎么用，用得怎样。

　　忽忽然，于鱼龙混杂的砚中，看到卓然独立风貌斯文的一砚，爱砚的我，自会停下泛览的目光，可惜，这样的砚，当下鲜见。

七、两个刻砚人

（一）

1991年，我从江西婺源龙尾砚厂调入四川攀枝花市苴却砚厂，过来不久，遇到一个刻砚人。

他，学过大型石雕，打得来石狮子、石观音之类。或因为当时石雕这个行业活路不多，或由于其他原因，他从外乡来到攀枝花，一来二往，不知怎么就到了砚厂，刻起了苴却砚。

其实他不会刻砚。砚池，在他眼里不过就是个窝窝、荡荡。至于砚边，在他看来也就是个高出砚堂的护栏、坝子。

他先于我到苴却砚厂，之前已雕了一些砚。他刻砚，举凡人物、山水、花鸟等什么都敢雕，一会儿，他打个罗汉，至于砚池、砚堂，他看着想着打就是了。一会儿，他打个花鸟。这些砚，打得让我这个来自著名砚厂的人目瞪口呆，生气不得，生笑亦不得。

我教他刻砚，和他说砚堂、砚池、砚边的关系，我说东，他说西，我提南，他指北。一次，他雕了一只仙鹤，鹤的羽毛全雕反了，我和他一遍遍地说，鹤羽张开如何，聚拢怎样，里羽排列和外羽有何区别，他呢，听着听着，直接装起糊涂来，任你怎么说，他回过来的话总是答非所问。

当时，在刻砚的也就十来个人，这些人中，年龄属他最大。实在对他没法，厂里只好给他定个特殊政策，规定他只雕一样题材——龙。

他雕的龙砚，大小在二十厘米左右，砚上，多半雕的是一龙头、一龙身、一龙尾、两龙爪，以及三四朵云，便算完事。

双龙戏珠／端砚／杨智麟制

严谨，端方，对称乃此砚池、堂、边的风貌传统。雕刻用心绵细，于素静中见精微。

刻砚，刻的是慢工细活，无法求快也不能图快。可是他快，最快的时候，一天，他可以雕三五方龙砚。

向来，我反对雕砚的所谓快速。快雕的砚，多是只能雕个大概，尤其学砚的艺徒，一旦养成坏习气，将来再也难以把砚雕得入细入里。有时，实在忍不住，我也对他说说，他依然是我行我素，继续雕他的龙砚。

离开且却砚厂后，有一阵，听说他在卖砚，一次，在大街上相遇，他磨蹭着，突然就在身上变魔术般地摸出一方砚来。

（二）

　　过了几年，在另一砚厂，又遇一刻砚人。

　　他刻砚，首先是懂砚理。做一方砚，大砚料或小砚石，在他手里，大的砚池该开多大、多宽、多深，小砚，砚池又该如何开出、开好，他已然清楚。

　　时常，他也刻人物。他刻人物，多爱找苴却石的黄色膘石，雕刻饮中八仙，荷花仙子一类。

　　山水，他也在雕。

　　以当下砚林看，山水刻得好的，首推端、歙二砚。端砚的山水，着力于山峦的层叠错落，溪流的沟壑变幻，雕刻，一如地突出

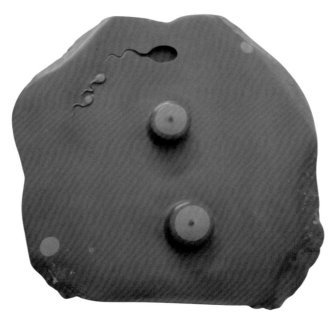

春醒／2014年／俞飞鹏制

　　砚，绿石带绿眼，为苴却石中的稀珍。
　　虚刻一蝌蚪为池，虚与实之中，让人想起池塘、清溪、诗意的春天。

工细。歙砚的山水砚，虽也有刻得细微的一类，但占市场主流的，仍以写意山水砚居多。其中，在大写意的山水架构里，点染一两个小亭，工刻一座小桥或精雕一舟。这类砚，市面上最为多见。

苴却石的山水雕刻，起步甚晚。就现状看，手法有两类：一类是实雕山水，一类是浅浮雕山水。实雕山水，实刻，实雕，举凡山川、树木、渔船、房屋，均施以实在雕刻。浅浮雕山水以徽派为主，俏色、巧雕，青山绿水，林泉飞瀑，楼阁隐约，云遮雾绕。

苴却石雕山水，因为有黄膘、绿膘等明丽色彩，雕出的山水砚，多鲜丽夺人。他的山水也巧用色。用色，强调色彩的挖掘呈现。不同的是，这些是在抓住砚的基本构造下展开进行，尤其是注意了砚池、砚堂与山水的相合。

好的山水砚好在哪呢？第一，山水与砚池、砚边拆分不开。第二，用色不在一味地花哨，而是视砚的整体情形，点到为止，恰好展现。第三，好的山水，雕刻不在层叠、镂空，不在一个劲地写实，也不在一味玩虚，而是下刀能实能虚，虚实相间。第四，好的山水砚，贵在别有创意，能匠心独运，别开新境。

有一段，他刻的山水砚，意刻上已现独到心得，下刀不多，点到为止，效果却很好。如国画的泼墨，可算是砚雕手法的新突破。

我们共事过一阵，也就一两年吧，之后见面便越来越少，他一直在雕砚，我也一样。砚雕行业，近些年，各地都有较大发展，不少同行，放下刻刀做起了砚生意，一来二往，车子、房子、票子都有了。他一直没去做生意，一如地刻着砚，时而，我会提到他，问到他。

一次见面，他说眼睛有点花了。新近一次。听人说，他的手，在刻砚时发麻。刻砚人，是手艺人，很多时候，靠的不就是一双巧手吗？手发麻，要一直麻下去，可怎么办？

愿同行的手能早点好起来。

八、值得研读的三方砚

古砚里边，不乏好砚、美砚、经典，今砚也是。这些砚，要一方方去读，一方方都上手细品，事实上无法做到。

那么，在浩如烟海的砚中，哪些砚，值得我们去深耕细读呢？这里，谈谈我爱读的三方砚。

一是洞天一品砚，顾二娘制。

顾二娘，一个在制砚上能造梦、会造梦的人。

洞天一品砚，依形，就石，柔情一开，洞开的是神妙、清奇、浑然、风雅，那里风月无边无有穷尽，让人思绪万千撩想无际。

就意象看，洞天一品砚的方形池，形如苏州一带的小轩窗。那些窗，或漏或透，窗里窗外各有天地。可是，顾二娘造的分明非窗。将一扇轩窗雕造得周正、具体，相信顾二娘做得到，然，一味地具体，我们品到的，许就是刀工、雕窗而已。不知，拿到砚石的顾二娘，当时有何感觉是何想法，总之，她没具实地去雕刻一扇轩窗，而是轻轻下刀，营造了一个温婉的梦境。

再是蘑菇砚，陈端友制。

洞天一品／顾二娘制

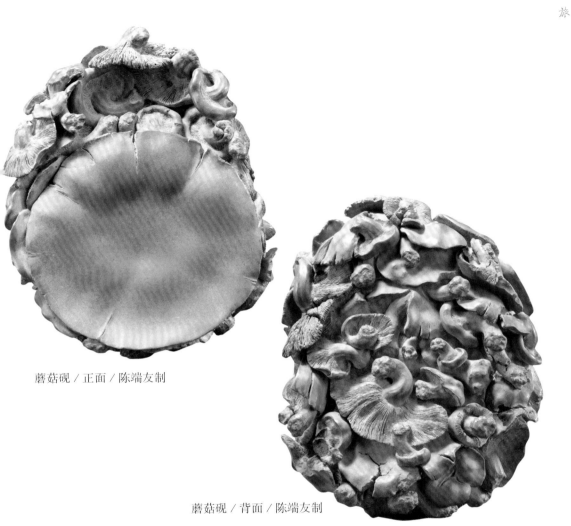

蘑菇砚 / 正面 / 陈端友制

蘑菇砚 / 背面 / 陈端友制

　　陈端友制的砚，还有如竹节砚、竹笋砚、古币砚、田螺砚等，都可以说是工技登上了高峰造出了极致的好砚。

　　蘑菇砚的正面，构成的大模样好，雕刻的细节精致而精彩，好得几无挑剔。偶尔，我会看这砚的背面，不过，多只是看一眼。因为，背面雕得太烦，太闹，太过，太匠气。

　　陈端友制砚，取实地做，精工、实写；匠，可谓匠到了家。他是个极具工匠精神的、老老实实的做砚人。

竹笋砚／正面／陈端友制

竹笋砚／背刻／陈端友制

陈端友，虽然已有博物馆人在谈，藏家、砚家、鉴定专家在论，我以为还是谈得太少。谈陈端友，砚界，很有必要一谈再谈，因为，当下，太稀缺陈端友这样的工匠精神，太奇缺这样的人。

三是蝉形砚。

蝉形砚，一方味象的砚。

其实也非一方，存世的古蝉形砚，有多个版本。形制、制式，看起来大体相近，各有变化，细看，高低、大小各有不同。

蝉形砚，砚长如普通书本，宽度比书本略窄。蝉形砚，看起来较高，砚底浑然圆满。当下很多砚制，要么以大夺人，要么以小迷人，蝉形砚不。

蝉形砚，以蝉为形，样式古典、对称，手法工、写兼具。

蝉形砚，外形似蝉，却又和真蝉不同。它去掉了蝉的很多细节，甚至于没有细节，可它分明是蝉。

蝉形砚是砚。它有清晰明了的砚的造型，得见分工明确的砚池、砚堂、砚边。

蝉形砚的高度，在构成，在语言的极简，在定然是砚，在整体的浑然。

蝉形砚，不仅雕出了有，还造出了空，刻出了无。

这砚，最初由何而来，是谁人所制，我们现在已追不到根寻不到源头。我曾说，不知道刻出蝉形的这人，是如何学的刻砚，刻过什么砚，刻了多少砚，得了何方仙人指路，于是生出如此奇思，刻出这般意象。

海派鼻祖陈端友，一生刻砚，多是在实地转悠。

陈端友的砚，刻得最好的是眼见之物。他的砚，看得到实，实实的工，实实的技，但是鲜见到梦。

慧质兰心的吴门顾二娘，在砚上，不过凝入了些许柔软、温婉。而刻出蝉形的这人，面砚石下刀，寓有于无形，于无中生有。

想刻出蝉形砚的那时，陆不通车水不能舟，一个刻砚工匠，要走出山坞到外面看一看其他地的砚刻，何其艰难。

我们这一时代，看砚，有海量图文。出行，可以乘飞机、坐高铁，想去端州斧柯婺源龙尾看砚了解砚，可以朝发夕至甚至于早出晚归。制砚，手头有现代化的电动工具，可以制出古人无法想象的体形硕大的砚，让李白看了自叹不如，东坡看了手足无措。可是，我们没有创出比肩蝉形的砚作。追天成琢素朴也好，求虚涵凝古雅也罢，我们的砚，相比蕴含无尽的蝉形，有天壤之别。

九、古好，时风，文人砚

（一）

砚，好或不好，今古角度不一。

在普遍用砚的古代，砚的好或不好，关键在是否实用，适用。所以，古人说砚，最爱强调的是以实用为宗。

实用，一是用以为砚的砚石，重在要适宜发墨，研磨时能既快又浓地出墨。第二，砚作为实用物，要大小、轻重适可，以便于搬移、洗涤、挪动。第三，做出的砚，砚边、砚池、砚堂要宜于使用，深浅得当，便利实用。

在普遍不用砚的当下，今人看砚，如何看，侧重什么呢？

今人看砚，多已不太注重砚是否实用。今人关心较多的方面，一是看砚石的坑口，看出自何地、何样坑口，看是否老坑名坑。二是看砚上是否有稀品、名品。端砚，看是否有青花、鱼脑冻、鸲鹆眼，歙砚看是否有金星、金晕、雁湖眉。

色彩好看，今人也爱看。砚做得再实用，远不如砚上生有好看的色彩。有好看色彩的砚易于被今人喜爱。

关于砚的大小，今人看法不同于古人，古人爱砚，爱的是大小适度，今人偏重大砚，好大。

今人看雕刻，先看题材，再看是否好看，还看雕刻花多少工。

（二）

在轻实用，重砚石，讲好看的情形下，当下砚雕，生出制作的新套路、流行风。

比如一砚分做。一块砚石在手，分一部分出来开砚池打砚堂，另一部分用来雕刻图案以供欣赏，有的一左一右做，有的一上一下分，还有的一正一反刻。

比如，将砚雕成画。当下，雕有人物、山水、花鸟的砚，很多是在雕画。这些画，有的来自古典名作，有的搬抄自《芥子园》等。构思是人家的，构图是人家的，造型是人家的，线条是人家的，风貌是人家的，意境还是人家的。个中区别，不过是将原本的画，搬运、雕刻到砚石上。

比如多雕、立体雕。一方砚，雕上双龙、五龙早已算不了什么，有的砚，雕九龙，甚至十八条龙、五十六条龙，还有的砚雕九十九条龙。

过去比较稀见的满雕、立体雕刻，现在已是随地可见。刻砚，动不动就是深雕镂空，还有就是多刻，一方砚上满满地刻。

比如巧雕，这方砚巧石眼，那方砚巧黄膘，端砚依鱼脑冻做文章，歙砚巧眉子为眼睛。一方砚，石形要讲巧，石色要见巧，龙眼巧了巧凤眼，凤眼巧了巧凤尾。

还比如，将砚工艺雕件化。将砚刻成工艺雕件，可以不受功能约束，可以不必考虑砚堂怎么安，砚池怎么开。刻工艺雕件，随便雕龙雕凤雕山水，任意雕佛雕仙雕九鼎，可以想雕什么就雕什么，什么好卖就雕什么。

（三）

文人砚，是具文人心性的砚。能否做出这样的砚，不仅要看一个人做砚的工技层面，具何样高度，还得看他学养、境界的深度。

文人砚，砚中流溢的是一脉别样的斯文。这样的砚，造作不出来，刻意得不来。文人砚，不需要文字印铭的乔装打扮。那样的砚，实不同于当下见到的一些砚，砚上满满当当雕的刻的都是一个"要"字，或要钱，或要名。砚弥漫的多是市井气浮躁气，缺失的是淡定与斯文，淤积太多的放不下。

做砚，毕竟不同于纸上作画的挥毫泼墨，兴之所至就能一气呵成，一挥而就。一砚的做出，需要时间的夯实、精气神的注入，其中有太多的艰辛与不易。这也是我们将老砚谱翻个底朝天，寻不见什么文人砚，看不到几个文人真正做过什么砚，将砚弄出如文人画那般稀世之响，如何翻抄也翻抄不出几方文人砚的重要原因。

文人砚，脱去的是匠气。那砚越过雕琢的弄巧，见风骨得浑然，若闲云一脉，如太古清音。那砚，贵有一份弥于内漫于外的素朴文心。那砚，经文化濡染，由心田流出，斯文，自在，简古，朴雅，不见挂负，无有牵系。

古道／歙砚／吴贵生制

歙石，时有生石线。

此砚的线，斜生在砚石上。作者依线入砚，就石生发，巧线
雕刻，旁征博引，凸凹随性，刻出一派独出心机，别样气象。

十、什么样的砚，你最喜欢

我刻砚三十多年，无数次地问自己，什么样的砚，是最喜欢的砚？

早年，一度醉心于十二峰陶砚，想廖遥的远古，那做砚的前辈，如何于遍地都是或方或圆的如出一辙的砚中，将一砚刻得如此奇峰凸起，山峦沟壑间，还可见有人负山，有神龙出没？

对箕形砚，我有过一段关注时光。相比十二峰陶砚，它似乎突然一转，奔向另一路径。砚上不见了景观、画境，有的只是构筑、线条。从砚制的演进看，箕形砚接近于实用，在实用的通道上跃进了一大步。但是，怎么看，都觉得它过于简素。

宋抄，得见严谨、规范的长宽高的比例尺度。制砚，行到抄手砚这一步，在体例上已趋于完善。读宋抄，时常有如读到讲平仄，求工整，精对仗的古典诗词。尽管，看着多少有那么一点"壁垒森严"。

二十多年前，亲眼见过一个做抄手的高人，看他裁切砚料，埋头画线，精细丈量，脑海里突然涌现一位木匠做活的画面。木匠相木料而制家具，先会刨去树皮，之后打上墨线，经斧劈，再细刨，一直刨到见方见圆、见工见准为止。做砚做到这样，让我觉得可怕，可叹，未必心畅。因为这样的砚，工固然是好，人的灵性却也因为这样的求工、见工被刨削得了无踪影。

蝉形砚，不再是宋抄古板的脸庞，它的线条跳跃而变化，它的造型圆润而鲜活，它去掉了抄手砚的庄重、内敛，以及高高在上，忽而飘散到市井民间，让执笔文房的人们一下听到了熟悉又久违的鸣唱。圆浑、灵变、深邃，还有弥散其间似有若无的禅意，虚到极

残卷 / 2016年 / 俞飞鹏制

　　石出龙尾山老坑。形、质，凹凸皆好。刻，就着原石入砚，而妙好，在融。融天成的石形，凹凸，融题材与砚样。

致，能舍尽舍。蝉形砚，让我神魂颠覆，痴迷不已，甚至想过放下刻刀，弃砚而去。

　　我在婺源龙尾砚厂、安徽歙县工艺厂看过不少砚。

　　早年，到过胡震龙、方见尘家，看过他们做的砚，知道制砚的天地，不仅在方圆一式，亦不仅在一砚的池、堂，工技。在上海工艺美术研究所，惊异一聋哑人刻的砚。那砚，不仅满刻世界各地的硬币，还有我熟悉的伍分币，贰分币。

　　在广东端砚，听过黎铿先生介绍端砚。在端溪名砚厂、七星岩砚厂，看过陈列的《海天旭日》《丹凤朝阳》等诸多作品。

　　研读过陈端友的砚。

　　深雕、满刻、精工、实写，一方方砚，刻得特立独行，别出心裁又别具匠心。不管如何刻，刻的是什么，刻得如何不一样，陈端友，总能围绕着砚，刻出是砚的砚。

　　有爱砚人说，他见过一砚，那砚上雕云龙，上面有数百颗石眼，那是他觉得的好砚，那砚让他最是欢喜；也有人说，他喜欢的砚，砚石的色彩要鲜明好看，亮丽夺目，砚上的图饰能雕刻得层层叠叠，深镂立体；还有人说，他喜欢的砚，长度、宽度、厚度要规范严谨，恰如其分，砚石要完美得几无瑕疵；又有人，多次和我说，他看过一砚，那砚雕的是达摩，那达摩刻画逼真细腻，他觉得是方好砚。

让我喜欢的砚，尽管可能缘于石品、石色，但定不会单纯地因为品、色。石品之珍稀，石色之绝美，固然丽质天生，奇妙名贵，但是刻砚人若把握不当，将不好的雕刻堆砌其中，让本可以恰好的砚作适得其反，这样的砚，自是难以让我欢喜。

腾

刻砚，我不喜欢依葫芦画瓢般地一味仿古，不喜欢一砚形态、样式的古板规矩。太规矩古板的砚，随之而来的多是制作的太雕琢、讲究、刻意、人为。

我喜欢的砚，在砚。比如一石在手，看如何随材，如何成砚，得出怎样的砚味，具怎样的气息。其次，会看这砚开得如何别出，辟出怎样蹊径。制砚，能具此一二，在我看来，算是步入砚道，进入砚里。具此前提，所谓题材、技艺，人物或山水刻画如何，工精怎样，我以为，方可谈得上好或不好，可以或不可以，如何或怎样。

刻歙砚的，清楚很多人爱歙砚的金星、金晕、眉子、罗纹。刻苴却砚的，知道苴却砚的封雪红、绿萝玉、金田黄、碧云冻得很多人的喜欢。

大砚，以大唬人，只见热闹不见艺术含量的，我当然不会喜欢。至于砚料独特稀见，设计出新意，雕刻技艺精湛，这样的大砚，我也乐于看，喜欢看，尽管当下鲜于一见。

雕得太像一幅画的砚，只能权当画看，不会作为砚观。不排斥石品好的砚，常心痛一砚只好在石品。

刻砚，我喜欢一砚的自在、自然，不喜欢雕刻工技的一味炫耀。喜欢不重复古人，见作者新创的砚。喜欢一砚之中忽来、独具的神思，人文、灵性的施入，蕴于其中的思想。

我喜欢的砚，砚样不仅随石，同时还能随心，砚由心造，境亦由心造。一方砚可以有很多的下刀，巧妙，可以有作者丰富细腻的思想才情，但最后看这方砚，一切皆自然而然，自由自在，如天成之不加斧凿，大巧不雕，见人文与自然的交相互融，砚石与艺术的浑然合一。我喜欢的砚，在砚雕家慧眼独具的发现，更在刻砚别开生面的表现。

刻了很多砚，见过无数的砚，什么样的砚你最喜欢？我真的想能回答。

十一、刻砚，课徒，藏砚，大家

（一）

做砚，年复一年。

经春夏，历冬寒，我相石，面对山坑水坑老端新歙，先，多要来回反复进行一番细察，有些地方，我还会试刀，甚至对砚石进行一番敲打。设计打稿，常常是画了又擦，擦了又画，一遍复一遍。

一块砚石在手，看看，放下，复看。看边边角角起起落落，看一抹青绿淡雅浮出，看凹凹凸凸的起伏形质，看砚从那石里飘忽亮闪又逐渐淡远。

做砚，要读书，学画，研究，揣摩。得了解砚，知晓砚，心中得装很多砚。做砚，要知手头砚石，懂刻刀质性。要想着如何把砚做好，能做出更好的一砚。做砚，你的情怀、所思、所想，要什么差什么，显摆什么遮掩什么，擅长什么欠缺什么，砚上都会有所体现。

好的刻砚，不是一如老调依样画葫芦。好砚，在匠心独运，蹊径另辟，能刻出风格，创出面目。

做砚，尽管，时下砚做得好的多只会做砚，只是在做砚，甚至于每天要为五斗米奔波、忙碌，可我，对致力于做砚的砚家还是别有尊崇、礼敬。

做砚，一刀刀一遍遍，为一根细小的线条，为一弯新月，为荷叶的一点细微翻转，为松麟的一点点沧桑，反反复复，翻来覆去，这样的做，做的是什么呢？做的是另一个你。

做砚，若想成就人生的不平常，你得去掉很多常人之想，得有非常之态，做非常之事，用你的一生去做。

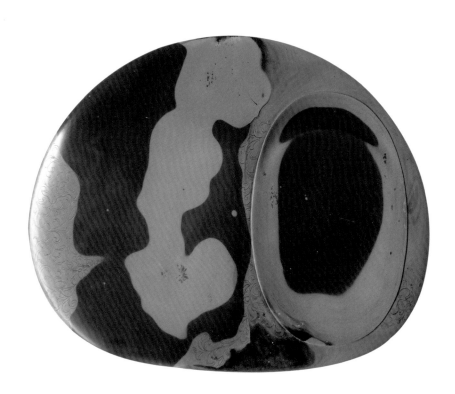

青花瓷／2013年／俞飞鹏制

　　这方砚，天成的图饰亦人亦仙，如窑炼中的幻化一变。
这样的一砚，好可以称绝，不好，则可能什么也不是。砚，
由池、堂到线、面，由图饰至雕刻，每一小步都不好走。

（二）

我做的砚，大小多在20厘米左右。有人问我，为何你把砚做得这么小，为何你不做点大砚。

其实，我做的砚并非小砚。

砚的大小问题，是有关常形的问题。苏东坡在《静因院画记》中说：人，室，器，物等皆有常形。常形，指的是人或物相对恒常、稳定的一个形态。

以留存下来的古砚看，砚的大小多在15厘米到20厘米之间。这样的大小，应当就是砚制相对稳定的一个大小，常形。

砚的大小是如何形成的？第一，与砚要适合搬移挪动，易于洗涤，便利实用有关。第二，砚做成这样的大小方便携带。古人出门赶考，为官，经营生意，砚是必备之物。太大、太重都不适合搬移。第三，与砚的放置环境相关。砚放置的地方多在文房书案，这里不仅放砚，还放书卷、纸张、笔筒、笔架、水洗、印章等一应物什，所以，砚，得有一个适度的大小、体量。

当代，砚越做越大。人为夸大的砚，让砚与原本的常形渐行渐远，让依规矩见方圆的砚，正在成为时下不知大小、没大没小的"东西"。

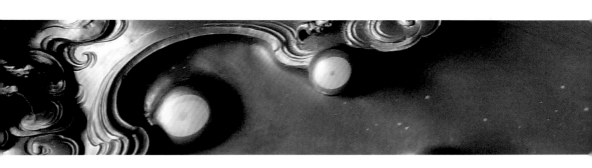

（三）

刻砚，古人，可以在蕉窗边、屋檐下、老树旁刻砚。现在的我们，一定要在砚厂或很大的砚厂才能刻砚吗？自然不是。刻砚，我觉得好的环境，还是一人，一石，一个没有搅扰的天地，做起砚来最是惬意。

有关心我的朋友说，你呀，不要只是埋头刻砚，还要想方设法壮大自己，做大做强。

做大做强好吗？当然不能说不好。

我理解，朋友说的做大做强，在能拥有自己的公司或砚厂，在刻砚上，能拥有兵强马壮的一应人众。可我，只想能一个人辟一天地，静静地做砚，想着如何把砚刻好。

相石做砚，刻出好砚，在我的心底，就是天大地大的事。

做砚，是在砚石上筑梦。

砚，好与不好，不在出自多大的砚厂，而是做砚的这个人具怎样的制砚功夫，他的天地情怀如何，思想怎样，做出的砚怎样。刻砚，是的，关键在你如何对石对砚，在能否认真地刻砚，在如何把一砚刻好。

刻砚，需要文火慢慢炖熬的手艺。

刻砚，在我"顽固"的见识里，它是很个人的事。就像画家画画，作家写书。

（四）

刻砚，不单是雕刻图案，刻了图案就是刻砚。刻砚、开池、做堂、起线，都是在刻。

有初学制砚者，用微信发来砚石图片，说这石像什么，他的灵感是什么，他想刻什么，等等。

刻什么好呢？我的意见，最好你先不要急着刻。

一是砚的初学者，对砚的认知多停留在初期的浅层面。对砚是什么，砚是怎样的，概念模糊。很多人以为，刻砚，就是刻图案，比如雕人，雕物，雕山水，这样的认识，是对刻砚的误解，步入了刻砚的误区。

二是初学制砚，功力普遍不高多有待提高。但，想刻的劲头特别高，在如此劲头下，山水、人物、花鸟，啥都敢刻，可是，这时，下刀下不稳，砚堂开不平，随石应物造型，最多也就造个大概。

刻砚，想到在砚石上雕什么，不等于你就能雕刻出什么。

刻砚，要做到因材，按砚石的情形状态施艺，不要说初学者，即便对一个制砚多年的人而言，也有很多艰难。比如，石像什么，能刻出什么，难。再比如，怎么做，深雕还是浅刻，意刻还是实写，做到何样程度，止于何时，难。还比如，像什么不等于制砚，将像什么融入砚，尤其难。

三是对石的认识普遍浅显。石是石，砚是砚。石像什么，多是对石的感觉。刻砚，仅仅对石有感觉是不够的。刻砚，在如何把石形成砚，制出砚。

初学制砚，从学艺角度说，我以为，首先还是要把做好砚的砚边、砚池、砚堂、线条放在第一位。初学者大可不必过早、过急涉足图饰雕刻。学习制砚，有功利思想，想把砚做好，想功成名就，想自己刻的砚卖出好价钱，这也无可厚非。但就初学而言，还是要一步一个脚印，踏实、扎实地从基础学起。

砚雕艺术是一门综合性艺术。砚的源流、演变知识要有，流派、特色须知，辨识料石的经验要有，做砚的功夫、技术、塑造形象、因材创意的能力亦要有。个人的天赋、秉性、学养、识见、阅历、境遇等，皆是你做出高水准作品的关键。

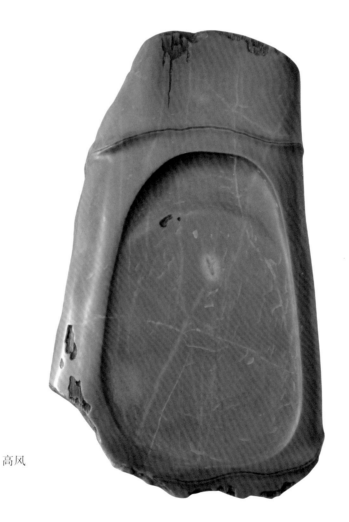

高风

（五）

　　藏砚，藏什么样的砚，自然会促进什么样的砚发展。有一段时间，用苴却石雕的龙砚好卖，于是，市面上的龙砚就比较多样、丰富。一龙抢宝，二龙戏珠，三龙闹海，五龙迎祥，九龙同春，象征中华五十六个民族的五十六龙砚等，你追我赶就做出来了。现在，藏砚人的眼光有了不同，一时喧闹的龙砚当然也就没那么热乎了。

　　藏家，是砚类的推手。一个砚类，有一批什么样的收藏家至关重要。大家都想着要藏好砚，砚雕者怎么会潦草、随便地雕砚呢？

陶然图

刻砚是一慢活。一刀刀，一步步，刻的其实非花非草，非龙非凤，而是所追寻的理想。这理，或器理，物理，原理，情理；这想，有神来的妙想、联想，有无边的遐想，有刻砚人的梦想。

刻砚，刻的更是一个人的文思才情，气质风骨。

制砚，令人崇仰的大家，其一，手头有过人技艺，这是大前提。其二，作品已形成风格，有自己鲜明的特色符号。其三，还要看这人的学养、思想、境界。其四，是不是大家，还要看作品体现的不同于凡常的内涵、气象。

上升到一定层面，作为大家，还得讲胸襟，得看人文情怀，得讲社会性，比如是否敢于担当，是否有社会责任感，等等。我想，这样的大家，并非一城、一市、一省，甚至一个时代，想造就就可以造就的。

从学徒到成为能画能刻的砚雕师，这一过程约需要十年。而成为大家，需要的不仅是时间，有人一生在砚里摸爬，最终只能当个匠人或技高一筹的名师。

对于大家，我爱说行到。行，实不同于评。行也不是走，并非说一个人只要坚持刻砚，总有一天会走到大家这一级，水到渠成地成为大家。大家的路，远非如此轻易。行到，当然更非指拿到什么证书，评到什么头衔。行到，极其难。

大家，不能不讲思想境界。刻砚，大家的手艺不会仅泊于浮华、堆砌，靠一点点传移摹写的所谓功夫。大家，更不能靠"本本"。

莫言说，作家是否为作家，关键在作品。作家的名号建立在作品之上，没有作品，作家的身份都值得怀疑。我想，大家也是一样。是不是大家，最终还要靠作品说话。

苴却砚的春天离我们有多远？有关心苴却砚的人问我。我想，到知道好的苴却砚是怎么样，明白苴却砚都有哪些砚雕高手，清楚苴却砚的风格，那时，苴却砚的春天将真正到来。

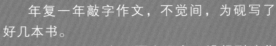

后记

　　年复一年敲字作文，不觉间，为砚写了好几本书。

　　打小，一门心思要当画家。没想到造化弄人，让自己这几十年里，不仅与砚朝夕相伴，为砚纠缠不休，还会为它熬更守夜，著书立说。

　　砚，予我最初的印象，不过是乃方乃圆的器物。对砚的进一步认知，是在我学砚起步的砚厂——江西婺源龙尾砚厂。

　　龙尾砚，苏子东坡喜爱的砚。当年的我，不知道这砚就是歙砚。更不知道，为了看这砚，在"陆不通车水不舟"的古代，苏夫子跋山涉水披星戴月专程到婺源，并且写下影响后世砚林的《龙尾砚歌》。

　　家住河的这边，厂在河的那边。

　　每天上班，我要经过一座木质的小桥。梅雨时节，可见桥板长起青苔。雪地霜天，上班下班多要踏着一桥积雪。秋风初起，河岸边不时泊有一两艘雨篷船。傍晚时分，雨篷船升起的炊烟，常是我迷醉的风景。

　　桥，一生中谁知要遇到多少，行过几多。我想到爱我画邀我去龙尾砚厂上班的汪观铭先生，想到砚路上给我很多帮助的恩师王涧石先生，想到含辛茹苦供我识字读书的父亲母亲，想到热风冷雨中一路相随的妻子，在我心底，他们都是促我成长的桥。

　　此时，写书的我，在用文字砌一座桥……

　　龙尾砚厂，冬日的早晨，砚石，一夜之间被寒气浸得浑身黑湿。正在学刻砚的我，看着手里湿润黑糊的砚石，一筹莫展。热心的师姐告诉我，打盆热水，将砚放在水里浸泡一下，之后再刻就不黑湿了。

　　如此神奇的刻砚招式，想爱砚的坡翁也未必得知。而我，以书为桥，可以让这神奇传流到世界的每一角落。

2015年9月

完稿于攀枝花砚文化研究所